晋北地区生态安全与土地利用格局优化

徐小明　张　红　编著

中国环境出版集团·北京

图书在版编目（CIP）数据

晋北地区生态安全与土地利用格局优化/徐小明，张红编著. —北京：中国环境出版集团，2018.3
ISBN 978-7-5111-3538-4

Ⅰ. ①晋… Ⅱ. ①徐… ②张… Ⅲ. ①土地利用—生态安全—研究—山西 Ⅳ. ①X321.225

中国版本图书馆 CIP 数据核字（2018）第 029659 号

出 版 人 武德凯
责任编辑 田 怡
责任校对 任 丽
封面设计 宋 瑞

出版发行 中国环境出版集团
（100062 北京市东城区广渠门内大街 16 号）
网 址：http://www.cesp.com.cn
电子邮箱：bjgl@cesp.com.cn
联系电话：010-67112765（编辑管理部）
发行热线：010-67125803，010-67113405（传真）
印 刷 北京建宏印刷有限公司
经 销 各地新华书店
版 次 2018 年 3 月第 1 版
印 次 2018 年 3 月第 1 次印刷
开 本 787×1092 1/16
印 张 8.75
字 数 160 千字
定 价 35.00 元

内容提要

晋北地区位于我国山西省北部，地处黄土高原农牧交错带，是生态脆弱地区。近几十年来，在人口数量和经济指标快速增长的背景下，该区出现了土地利用变化剧烈、土地利用结构不合理、景观格局受到影响、生态系统服务功能遭受损害等诸多问题，严重威胁着区域生态安全。在此背景下，本书首先对晋北地区 1986 年、1994 年、1999 年、2009 年、2014 年的土地利用/覆被变化及其驱动力进行了分析；利用多种景观指数对该区景观格局的时空动态进行了分析；以生态系统产水服务、土壤保持服务及净初级生产力（NPP）服务为例对研究区的生态系统服务功能进行了定量评估；基于 DPSIR 模型评估了该区生态安全现状；运用系统动力学模型预测了研究区在未来不同情景下的土地利用结构；通过结合 Logistic-CA-Markov 模型对晋北地区的土地利用空间格局进行了情景模拟；在此基础上，对未来不同情景下晋北地区的生态安全状况进行了预测，并分析了不同情景下的景观格局变化，并据此提出了区域景观格局可持续发展的对策和土地利用规划的相关建议，以期为该区的土地利用规划提供科学依据，最终实现社会、经济和生态的可持续发展。本书集成了遥感数据、空间数据、统计数据以及地理信息系统、景观指数法、系统动力学、元胞自动机、InVEST 模型、RUSLE、典范对应分析、逻辑回归等多种方法，可为生态学、地理学以及环境科学的相关工作人员提供参考。

前 言

晋北地区位于38°39′56″～40°44′35″N、110°56′30″～114°32′30″E，总面积3.17万km^2，占山西省面积的20.23%，东部与河北省毗邻，北至外长城，与内蒙古自治区接壤。该区地处黄土高原农牧交错带，同时也是生态脆弱地区，近年来，随着人口与经济发展，该区土地、生物以及水资源被不合理地开发，引起了该区土地退化、水土流失、水资源短缺等现象，导致该区土地利用结构不合理，生态系统服务功能受到损害，生态安全受到严重威胁。这些严重的生态环境问题已影响该区水土资源的永续利用和农牧业的可持续发展。

针对以上问题，国内外学者多年来在该区开展了多项关于水土流失、土地沙化、环境保护、土地利用变化等领域的调查与研究工作，取得了丰硕的成果。但是，集成多元数据及多种技术手段分析未来情景下该区的土地利用/覆被变化、生态安全以及生态系统服务功能的综合研究还未见报道。由于复杂的地貌、气候条件以及社会经济的快速发展，针对晋北地区的土地利用、景观格局、生态安全及生态系统服务的研究异常复杂，包含了多个维度和变量，采用单一的传统方法很难揭示和解决该区复杂的环境问题。为此，自2012年以来，作者在山西省“十二五”科技重大专项、国家自然科学基金项目、山西省基础研究计划等多个项目的支持下，开展了“晋北地区生态安全与土地利用格局优化”研究。

为了研究晋北地区土地利用、生态安全以及生态系统服务的时空变化特征，笔者集成了多个学科的基本科学理论，包括生态学、环境科学、地球科学、信息科学、计算机科学等，多种技术方法，包括遥感、地理信息系统、生态模型、统计模型、系统动力学、时空离散模型、数据同化等，结合生态环境综合调查及环境信息提取，对研究区的土地利用变化进行跟踪监测与动态分析，评估该区景观格局时空变化和生态系统服务功能，综合评价研究区生态安全现状，预测未来情景下的土地利用变化结构与空间分布，在此基础上分析了未来情景下研究区生态安全状况和景观格局状况，并提出了对应的改进措施与建议。本书采用了美国陆地卫星 TM 跨度近 30 年、共 20 景的影像数据，编制了不同时期的卫星影像和土地利用/覆被图，应用 ArcGIS、MATLAB、ERDAS Imagine、MapINFO、IDRISI、Microsoft Office、Photoshop 等软件进行各种图件的处理及编制工作，总计生成专题图件近百张。

多种方法和技术的集成是本研究在技术方法方面的一个特色。本书将“自上而下”的系统动力学模型与“自下而上”的元胞自动机模型结合起来，模拟了晋北地区土地利用的数量变化与空间分布；在生态安全评价时耦合了 DPSIR 概念模型以及客观赋权方法——主成分分析法，构建了生态安全评价指标体系，评价了晋北地区近 30 年来的生态安全状况；采用 InVEST 模型和 RUSLE 方程分析了研究区生态系统的产水服务以及水土保持服务。

在研究过程中，作者获得了国家自然科学基金委员会、山西省科技厅、山西省环境保护厅、山西省林业调查规划设计院、山西省农科院、山西省生态环境研究中心等单位的关怀和大力支持，同时得到了山西省大同市、忻州市和朔州市各级党政领导的关怀和帮助，在此一并表示感谢。

本书由徐小明、张红进行统稿、文字修订以及图表的绘制。参与编写的人员有：刘勇、苏常红、杜自强、武志涛、张霄羽、冯凌、申小雨、张莉秋、郑帅霖。

由于时间仓促，作者水平有限，错误与不足在所难免，请同行专家和广大读者批评指正。

徐小明　张　红

2017 年 8 月

目 录

1 绪　论

1.1　研究背景与研究意义

土地资源是人类及其他生物得以生存和发展的基本资料和劳动对象，在经济快速发展的今天，土地资源的多少和优劣是决定一个地方能否实现可持续发展的先决性条件（苏小苗，2008）。自 20 世纪 80 年代以来，土地利用/覆被变化（Land Use /Cover Change，LUCC）的科学探索已经成为研究环境变化的重要内容（王薇等，2014）。探究土地利用动态变化及其结构模拟预测对地区生态环境变化的重要性不言而喻。土地利用结构的模拟预测是为规划土地利用服务的，也是区域经济和社会发展规划的考量手段（邢容容，2014）。

随着人口数量增长和社会经济的不断繁荣，人类活动导致的土地利用/覆被变化逐渐成为影响全球环境改变的重要原因（蒙吉军，2005），而土地利用/覆被变化又导致全球生态安全的问题（朱蕾，2007）。生态安全可反映生态系统的健康状态及完整性，因此，对生态安全的深入研究显得尤为重要，保持区域乃至全球的生态安全，并实现可持续发展已成为人类的共同追求（张志华，2008）。

晋北地区位于我国山西省北部，地处黄土高原农牧交错带，土地沙化严重，进而制约了该地区社会经济的可持续发展。同时，在人口数量及经济快速增长的背景下，该区出现了土地利用变化剧烈、土地利用结构不合理等问题（张健等，2008）。晋北地区为黄土缓坡丘陵地貌，其半湿润向半干旱过渡的气候、灌丛向典型草原过渡的植被状况、栗钙土向灰褐土过渡的土壤状况，造成当地生态环境的脆弱及恶化，这极大威胁着当地的经济和社会的可持续发展，其带来的经济损失也相当大。据相关统计，山西省的沙化土地面积约为 0.71 万 km^2，其中大部分分布在晋北地区内，此外，由于晋北地区自身较差的地理环境和自然环境，地处内外长城沿线，土质较差，地表物质易沙化，植被盖度小，南北气流变化剧烈，降水偏少且集中，大风日数偏多，整体气候干燥，风沙现象活跃，灾害性天气（旱灾、洪灾、霜冻、沙尘暴、雹灾等）连年发生等，再加上人类不适度经济活动、煤炭资源的露天开采等使得晋北地区的生态系统破坏加剧，水土保持、防风固沙等功能下降，极大地威胁了晋北地区的生态系统安全。

沙化问题作为晋北最严重、最直接的灾害之一，不仅对当地人们的生活和生产造成巨大的影响，并且带来一定的经济损失，同时对于动、植物的影响也是巨大的。沙化条件下，植物光合作用的变化会直接导致整个地区生产力的变化，沙化还会通过其他形式干扰光合作用发生的过程，间接地影响植被生产力，从而也间接影响了土壤保持、产水服务、滞尘服务和粮食生产等生态系统服务，严重制约了社会经济可持续发展，从根本上决定了晋北土地沙化的发展。因此生态环境的恶化值得我们对晋北地区生态系统服务时空动态变化以及权衡协同作用的研究给予足够重视，这对维持生态系统的平衡，保持经济的可持续发展，以及实现区域协调发展等方面具有重大的现实意义。

因此，该地区的土地利用/覆被格局与变化情况以及在该种情况下该地区的生态安全状况和未来的生态安全状况以及土地利用/覆被格局情况，以及生态系统服务功能的变化，成为该地区土地利用变化研究的重要内容。在生态系统服务的指标选择上，应更多地针对区域特点进行，因为不同的生态系统其主要的服务类型不同。由于晋北地区的降水量少、干旱、水土流失严重、时空上降水分布不均等，因此本研究主要讨论晋北地区土壤保持、产水量、净初级生产力（Net Primary Productivity，NPP）三个重要服务类型作为生态系统服务的评价指标。

本书首先对晋北地区 1986 年、1994 年、1999 年、2009 年、2014 年的土地利用/覆被格局进行了分析；在此基础上运用典范对应分析（Canonical Correspondence Analysis，CCA）方法对该区 LUCC 的驱动力进行了定量分析；利用多种景观指数对该区景观格局的时空动态进行了分析；以生态系统产水服务、土壤保持服务和 NPP 服务为例对研究区的生态系统服务功能进行了定量评估；基于 DPSIR 模型评估了该区生态安全现状；运用系统动力学模型预测了在未来不同情景下的土地利用结构；通过结合 Logistic-CA-Markov 模型对晋北地区的土地利用空间格局进行了情景模拟。在此基础上，对未来不同情景下晋北地区的生态安全状况进行了预测，并分析了不同情景下的景观格局变化，据此提出了区域景观格局可持续发展的对策和土地利用规划的相关建议，以期为研究区的土地规划提供科学性的意见，保障区域生态安全，为区域土地利用、生态规划、生态安全等提供理论基础，保障晋北地区社会、经济和生态的可持续协调发展。

1.2 生态安全：理论、方法与进展

1.2.1 生态安全的定义

生态安全作为人类生存安全的一个重要组成部分，是近几十年来才被人类所认识到的。1987 年，世界环境与发展委员会的正式报告《我们共同的未来》中首次提出生态安全这一概念，目前对于生态安全（ecological security 或 environment security）的理解存在狭义和广义两种。广义的理解以 1989 年 IASA 提出的定义为代表，即生态安全是指在人的生活、健康、安全、基本权利、生活保障来源、必要资源、社会秩序和人类适应环境变化能力等方面不受威胁的状态，它包括自然、经济和社会生态安全，组成一个复合人工生态安全系统（Dobson et al.，1997；Norton et al.，2010）。狭义的生态安全是指自然和半自然生态系统的安全，即生态系统完整性和健康的整体水平反映。

国内学者结合学科特点和研究对象，对生态安全进行了定义。郭中伟（2001）认为，生态安全是指与人类息息相关的自然生态资源与环境处于良好的状况或不遭受不可恢复的破坏。曲格平（2002）是国内最早系统阐述生态安全并普及生态安全知识的学者和领导。他从两个方面解释生态安全：一是防止由于生态环境的退化对经济基础构成威胁，主要指环境质量状况低劣和自然资源的减少和退化削弱了经济可持续发展的支撑能力；二是防止由于环境破坏和自然资源短缺引发民众的不满，特别是环境难民的大量产生，从而导致国家动荡。这一概念被相关研究文献大量引用。肖笃宁等（2002）将生态安全定义为人类在生产、生活和健康等方面不受生态破坏与环境污染等影响的保障程度，包括饮用水与食物安全、空气质量与绿色环境等基本要素。崔胜辉等（2005）认为，生态安全是指人与自然这一整体免受不利因素危害的存在状态及其保障条件，并使得自然系统的脆弱性不断得到改善。同时指出，安全与风险是相对的，安全是评价对象在期望值状态的保障程度，或防止不确定时间发生的可靠性，强调影响生态安全的风险与脆弱性问题。

综上所述，生态安全的定义颇多，但可以简明地概括为，生态安全是指人类社会发展所依存的自然生态环境的稳定性与保障性，是指人类能够稳定获得生态服务功能的一种状态，是指人类的生存与发展相关的基本权利不受生态环境威胁的一种状态。

1.2.2 生态安全的特点

曲格平（2002）从生态系统的结构与功能出发，全面系统地阐述了生态安全的四大特点，即：

第一，生态系统的整体性。生态环境的大系统中一切都是相连相通的，任何局部环境的破坏，都有可能引发全局性的灾难，甚至危及整个国家和民族的生存条件。例如，美索不达米亚平原上的巴比伦文明、地中海地区的米诺斯文明、巴勒斯坦“希望之乡”等文明的相继衰弱和消亡，都主要是生态环境破坏导致的可悲后果。

第二，生态破坏的不可逆性。生态环境的支撑能力有一定限度，生态破坏一旦超过其环境自身修复的“阈值”，往往造成不可逆转的后果。例如，野生动植物物种一旦灭绝就永远消失了，人力无法使其重新恢复；再如，我国西南地区出现的“石漠化”土地，流失的土壤人力很难使其恢复，这种环境问题也是不可逆转的。

第三，生态恢复的长期性。许多生态环境问题一旦形成，若想解决就要在时间和经济上付出很高的代价。如改变沙化土地，使之恢复原来的面貌，往往要数十年甚至几代人的努力，经济代价也很高。再如，为了防止我国沙漠的蔓延并使之部分沙漠化土地得到恢复，恐怕要付出数千亿乃至上万亿元的投入才有可能。

第四，生态安全的全球性。正如全球经济一体化之后，国与国之间的经济安全密切相关一样，生态安全也是跨越国界的。一国的生态灾难有可能危及邻国的生态安全，如国际性河流中，上游国家的污染物排放或渗漏，就有可能危及下游国家的用水安全。实际上，目前世界各国已经面临各种全球性环境问题，包括气候变化、臭氧层破坏、生物多样性迅速减少、土地沙化、水源和海洋污染、有毒化学品污染危害等。在生态安全上，各国有着相当广泛的共同利益，因而也最有可能开展国际合作。

1.2.3 生态安全的背景及意义

人类所有的活动都必须依托所栖息的生态环境，生态环境状况决定着经济社会发展的持续性，决定着人类发展“能否持续”。随着人口数量的增长和社会经济的快速发展，人类社会对资源和环境的压力不断增加，生态环境恶化对人类生存和发展构成了严重威胁。在此背景下，生态安全研究引起了学者的广泛关注，生态安全的提出与重要性认识，最早追溯到 20 世纪 80 年代初期，Brown（1982）提出“目前对安全的威胁，来自国与国间关系的较少，而来自人与自然间关系的可能较多”……“土壤侵蚀，地球基本生态系统的退化和石油储量的枯竭，正在威胁着每个国家的安全”。世界环境与发展委员会

(1987) 在《我们共同的未来》中明确指出“安全的定义必须扩展，超出对国家主权的政治和军事威胁，而要包括环境恶化和发展条件遭到的破坏”。1993 年，美国著名环境学家 Norman Myers 提出“生态安全是地区的资源战争和全球的生态威胁而引起的环境退化，继而波及经济和政治的不安全”。并将此概念被各种学术期刊和国际会议广泛应用。

从政府层面来看，美国是最早认识到环境安全的重要意义与作用的国家。1991 年 8 月，美国公布了新的《国家安全战略报告》，首次将环境安全视为国家利益的组成部分。1994 年，美国国会通过《环境安全技术检验规划》将环境安全纳入美国的防务任务之中。中国政府在 2000 年 12 月发布的《全国生态环境保护纲要》中第一次提出“维护国家生态环境安全”的目标，将国家生态环境安全定义为“一个国家赖以生存和发展的生态环境处于不受或少受破坏与威胁的状态”，并提出生态安全是国家安全的重要基础。对于一个区域、一个国家乃至全球来说，生态安全具有战略性地位和重大意义，是实现可持续发展、长治久安的关键；对于专家学者而言，生态安全有着众多有待完善或未知的领域，不论是概念的统一，学科体系的研讨、建立及完善，保障生态安全的配套技术与方法的研究，还是生态安全的维护，生态安全预警系统的建立等都有待进一步探索（沈茂英，2011）。

1.2.4 国内生态安全的发展阶段

秦晓楠（2014）等以 CSSCI 中 2000—2011 年 299 篇生态安全研究论文为研究对象，采用文献共被引网络、关键词共现网络及突现词分析，以信息可视化为手段，对国内生态安全研究现状进行了分析。从多元、分时、动态的视角出发，对生态安全科学文献进行信息挖掘，分析生态安全的知识基础、研究主题和前沿，明确生态安全研究的演化路径和发展趋势。

首先，生态安全研究在 2000—2002 年处于刚刚起步阶段。在此阶段研究主题集中在生态安全理念的引入，从环境保护、可持续发展等研究领域中演化出生态安全研究的基础概念。初期的生态安全研究是作为国家安全、可持续发展等研究领域的前沿分支，并随着研究的发展逐步进行着自身特色的概念界定与理念推广。

其次，生态安全研究在 2003—2005 年得到了迅速的发展，研究进入繁荣时期，产生了多样化的研究主题及复合、发散的研究网络，这个时期的研究主题主要集中在“生态系统评价”以及“中小尺度生态安全研究”。其中生态系统评价研究中“指标体系”呈现出较高的中心度，成为生态系统评价的主要方法。中小尺度生态系统研究侧重于生态系统尺度及类型区分，主要针对“城市”“土地”“农业”等特色的生态系统进行研究与评价。生态安全研究呈现出从宏观的、笼统的研究走向微观的、具体的发展趋势。

再次，2006—2008 年作为生态安全研究的转折点，有关生态安全的研究出现了短暂的停滞，进入了酝酿期。

最后，2009—2011 年生态安全研究出现了新的突破，生态安全研究主题进入了分支拓展的阶段。该时期主要的关键词有“评价”“预警”，生态安全评价研究成为该时期的研究热点，尤其是对中小尺度生态系统风险评价研究成为主要研究方向。“环境监测”成为该时期预警研究的主要研究手段及方向。“土地生态安全”形成了该时期的一个研究热点。该研究一方面侧重于土地系统本身健康性和可持续性，另一方面强调土地生态系统为人类提供稳定的生态服务的能力。另外，“PSR”指标体系作为常用的生态系统评价指标体系构建方法，采用系统分解法将生态系统分解为“压力”“状态”“响应”等子系统，综合考量了生态系统本身状况变化以及生态系统与社会经济系统之间互动的影响。同时，研究进一步进行生态预警的理论探索，引入了生态学、地理学等多样的研究方法，并展开了广泛的实证研究。

1.2.5 生态安全与相关概念的关系

生态环境服务功能是生态环境系统的基本属性，是指生态系统与生态过程所形成及所维持的人类生存的自然环境条件与效用，生态安全内涵包括生态环境系统能持续地为人类提供正常服务，将生态环境服务功能与生态安全研究相结合，更能促进生态环境科学直接为国家生态环境重点问题和安全战略服务，为社会经济发展和生态环境规划提供依据（Guo et al.，2003）。

生态承载力是生态系统的自我维持、自我调节能力，资源与环境的供容能力及其可维育的社会经济活动强度和人口数量。生态足迹法定量地判断人类所施压是否超出生态承载力，为生态环境系统是否安全或距离安全目标远近提供定量的权衡（Ren et al.，2005）。生态承载力与生态安全关系密切，是生态环境问题实质性表现的两个方面。当生态环境处于不受或少受破坏与威胁的状态时，其所处的自然生态环境状况能够维持社会经济的生存与可持续发展的需求，则该地区的生态系统就是安全的。反之，则是不安全的。

生态风险评价是评估暴露于一种或多种压力因子后，可能出现或正在出现的负面生态效应的可能性过程，生态风险实质上是从反面表征生态安全。风险是指评价对象偏离期望值的受胁迫程度，或事件发生的不确定性，其计算值为概率与可能损失结果的乘积；

安全是指评价对象在期望值状态的保障程度，或防止不确定事件发生的可靠性——安全与风险互为反函数。生态健康强调系统完整、稳定和发展过程持续性（Costanza，1992），可通过系统活力、组织结构和恢复力定义（Rapport et al.，1998），主要反映系统内在结构、功能等完整程度及所具有活力和恢复力状态。健康与安全互为正比，但健康系统不一定安全，需要与其所处危险状态联系，生态健康实质从正面表征生态安全，通过系统健康分析，更能识别生态安全影响因素。

生态系统健康和生态系统服务（Ecosystem Service）则从正面表征了生态系统的安全状况。生态系统健康主要研究生态系统及其组分的安全与健康状况，而生态安全则取决于是否拥有健康的生态系统，因此，生态系统健康从正面表征了生态系统的安全状况；生态系统的服务功能是实现可持续发展的基础，作为表征区域可持续发展水平的一项综合指标，其价值是区域生态环境变化结果的综合化与定量化，其变化与社会经济活动密切相关，是系统安全的基本保证，因此也可以表征生态系统的安全状况。

总之，生态系统服务功能、生态承载力、生态风险与生态系统健康均以生态系统为基本出发点，着重研究生态系统的安全水平，而生态系统安全又是生态安全研究的核心。因此，可以用生态系统服务功能、生态承载力、生态风险与生态系统健康来表征生态安全，最终的目的是更好地实现经济—社会—环境的可持续发展。

1.2.6 生态安全评价研究进展

生态安全评价是在一定时间范围内，根据自然生态因子与社会、经济因子的相互作用关系，按照一定的标准，对生态环境影响因子及生态系统整体进行的安全状况评估（张勇等，2009）。目前国内研究内容主要集中在评价模型及指标体系研究（张晓岚，2013）。生态安全评价的工作流程主要包括选择评价尺度、构建评价指标体系、选择评价模型、确定评价标准、评价结果判断分析等。

1.2.6.1 评价尺度

确定评价尺度是进行生态安全评价的第一步，目前国内生态安全评价已呈现出以空间尺度为主流、时间尺度为支流，以区域生态安全评价为核心、国家生态安全评价为补充的研究格局（姚解生等，2007）。

（1）空间尺度生态安全评价研究涉及不同空间尺度评价对象，因此需要有一个适宜的空间尺度将宏观和微观生态问题联系起来（张艳芳等，2005）。大尺度评价研究主要用于国家生态安全评价、区域生态安全评价、市（县）生态安全评价，其中又以区域生态安全评价研究居多，决策者可从宏观整体上把握生态安全状况，并制定方向明确的管理策略。小尺度评价适用于群落、景观、流域等微观生态系统，有助于深入细致地探讨生态安全的影响机理和驱动力表现（魏彬等，2009）。

（2）时间尺度人类活动、自然因素对生态系统的作用影响需要以一定的时间尺度为载体。就时间尺度而言，各成分之间的能量流动与循环在不同阶段保持着各自相对稳定的动态平衡，并随着环境的变化而发展变化（崔保山等，2003）。其中以时间“点”为尺度的研究一般用于现状评价和回顾评价，以便快速了解生态系统的现状及主要特征（刘艳艳等，2011）。以时间“段”为尺度的研究多用于动态评价，利于对不同阶段生态系统的结构和功能发生的变化进行分析，并预测其发展趋势。

1.2.6.2 评价模型及评价指标体系

在生态安全研究中，根据模型框架建立评价指标体系的方法已得到广泛应用。在选定评价模型的基础上，按照层次分析的指导思想和构建原则，采用自上而下、逐层分解的方法将生态安全评价指标体系分为目标层、准则层、指标层 3 个层次（魏彬，2009）。目标层表征了生态安全总体水平状况，准则层即影响生态安全的主要因素，指标层是体系中最基本的层面，由可以度量的指标组成（董恺忱等，2000），能反映评价生态安全主要特征。

目前应用较多的评价模型有 P—S—R 模型、D—S—R 模型、D—PSR 模型、D—P—S—I—R 模型、D—PSE—R 模型。P—S—R 模型即压力（Pressure）—状态（State）—响应（Response）模型（曹新向等，2006），通过原因—状况—响应这一逻辑思维方式（仝川，2000），将生态安全问题分解成 3 个既相互区别又相互关联的指标模块。其中压力指标表征人类活动给生态环境造成的负荷，状态指标反映生态系统服务功能及环境资源状况，响应指标反映人类采取何种对策与措施解决环境问题（Tong，2000）。

在 PSR 框架的基础上，联合国可持续发展委员会（The United Nations Commissionon Sustainable Development，UNCSD）又建立了驱动力—状态—响应框架（Driving force-State-Response，DSR），“驱动力”指标是指推动环境压力增加或减轻的社会经济或社会文化因子。

经济合作与发展组织（Organization for Economic Cooperation and Development，OECD）在 1993 年对 PSR 模型和 DSR 模型进行修订后提出了新的模型——“驱动力—压力—状态—影响—响应”（Driving forces-Pressures-States-Impacts-Responses，DPSIR）模型（Singh et al.，2009），DPSIR 模型兼具了 PSR 模型和 DSR 模型的特点，目前已逐渐成为评价生态安全的有效方法。

从生态系统的服务功能与人类的需求角度出发，联合国粮食与农业组织（Food and

Agriculture Organization，FAO）提出驱动力—压力—状态—暴露—响应（Driving forces-Pressure-State-Exposure-Response，DPSER）模型。

1.2.6.3 评价方法

随着生态安全研究的进一步深入，生态安全评价在积极吸纳各相关学科、领域的研究成果基础上，在方法上得到了长足的发展，生态安全评价的方法已由最初定性的简单描述发展为现今定量的精确判断。目前中国常用的生态安全评价方法有：Analytic Hierarchy Process（AHP）、主成分分析（Principal Component Analysis，PCA）、熵权法、灰色关联法、模糊评判法、人工神经网络分析法、物元分析法、主成分分析法、生态足迹法、景观生态安全格局法，以数字地面模型为参照，应用“3S”技术，建立数字生态安全模型的方法等。

1.3 土地利用/覆被变化：理论、方法与进展

1.3.1 土地利用/覆被变化的内涵

土地利用是自然、经济、社会诸因素综合作用的过程，指人类根据土地的自然特点，按照一定的社会、经济目的，采取一系列手段对土地进行长期或周期性的经营管理和治理改造活动。土地覆被指地球表层的植被覆盖物和人工覆盖物的总和，强调土地的自然属性，是自然过程和人类活动共同作用的结果。

土地利用是人类利用和改造土地覆被最主要和最直接的驱动力，土地利用/覆被变化是人类活动在短期内对所处的自然环境进行改造的最显著的表现形式（于兴修等，2003）。土地利用/覆被变化改变了区域的自然景观、区域的物质循环、能量流动以及各种生态过程。人类活动造成的土地利用变化从多方面作用于生态系统，因此可以通过土地利用/覆被变化反映区域的发展。

1.3.2 土地利用/覆被变化的驱动力及模型

土地利用/覆被变化的驱动力主要包括两方面的内容：自然因素和人类因素。自然因素主要有气候变化、土壤演替、植被演替及自然界存在的各种运动（火山、地震、泥石流等），主要表现在较大时空尺度上。人类因素如人口变化、富裕程度、技术发展、政治经济、政治结构、观念与价值等，其作用主要表现在小尺度上。

用于土地利用/覆被变化研究的模型复杂多样，大致可以归为以下几类：非空间模型、

空间模型、经验-统计模型和概念机理模型、综合模型等。非空间模型如 SALU 模型，侧重于对 LUCC 的数量变化的研究；空间模型如 GEOMOD 模型，侧重于对 LUCC 的空间变化的研究。经验-统计模型采样多元统计分析方法，分析每个因子对土地利用变化的贡献率，并将LUCC与驱动因子之间的相互作用定量化，从而从统计学角度表征LUCC的原因。概念机理模型则运用理论和规律来模拟各驱动因子的作用机制，对土地利用变化因果关系进行分析。综合模型就是将各种模型综合起来，从而寻求最佳的解决途径。典型的综合模型有 CLUE 模型及其在其基础上改进的 CLUE-S 模型。

1.3.3 土地利用/覆被变化的研究概况

土地利用/覆被变化（LUCC）的研究反映全球生态系统的变化规律，已经成为研究全球生态系统变化的主要趋势和潮流（郭笃发，2006）。国内及国际的学者采用了多种方法对区域的土类覆被演变进行分析，如采用 CA 模型、CLUE 模型、Markov 模型、CLUE-S 模型及相互间的组合模型等对未来土地利用类型进行模拟预测（陆艺，2013；郭延凤，2011；彭建，2006），同时也基于模型从不同的区域尺度进行了分析研究。CLUE-S模型已经大范围地应用于土地利用覆被格局的动态演变预测模拟中。Verburg 等（2008）运用 CLUE-S 模型从不同的发展情景考虑，以 1 000 m×1 000 m 作为研究尺度，对欧洲未来 30 年的土地利用格局变化进行了模拟和分析。Wytse Elgelsman（2002）基于 CLUE-S 模型选取了 15 种可能对土地利用覆被产生影响的驱动因子，模拟分析了马来西亚半岛中部地区的 Selangor 河谷盆地 1999—2014 年的土地利用覆被格局变化。张永民等（2003）以奈曼旗作为研究区域，在 1985 年的空间数据基础上，结合自然、社会等驱动因素，对 2000 年的土地利用格局进行了模拟和检验，表明了 CLUE-S 模型能够较好地模拟研究区域的土地利用时空动态变化，并且证实了 CLUE-S 模型具有较高的灵敏性。黄明等（2012）以甘肃天水罗玉沟流域为研究区，基于不同的空间尺度，运用 CLUE-S 模型模拟与验证流域 2008 年的土地利用/覆被空间格局，表明 CLUE-S 模型在该流域具有较高的适用性，同时模拟了三种发展情境下流域未来的土地利用/覆被格局。

1.3.4 土地利用结构优化的概念

土地利用结构是指各种用地，如耕地、园地、林地、牧草地、其他农用地、居民点及工矿用地、交通用地和未利用地占本区总面积的百分比。土地利用结构优化是以一定区域土地利用系统的效益为最大目标，在满足一定的条件下将一定数量的土地分配到各用地部门，使土地在时间上得到合理安排，在空间上得到最佳落实（严金明，2002）。

结构决定功能，有什么样的土地利用结构，就有什么样的功能；土地利用结构优化是针对土地利用现状中存在的不合理利用问题而提出的期望与目标。优化土地利用结构，简单地说就是指通过一定方法使未来土地利用取得经济、社会、生态效益的最佳土地利用结构。

1.3.5 土地利用结构优化的目标和基本原则

在一定的经济技术条件下，土地利用结构优化的目标可以有两种描述：①使有限的土地资源产生最大的效益；②为取得预定的效益尽可能少利用土地资源（严金明，2002）。区域土地利用结构优化的目标有四个：经济效益目标、社会效益目标、生态效益目标和综合效益目标。

1.3.5.1 整体性原则

系统的整体性是系统理论的核心，是系统科学考虑问题的出发点和归宿。土地利用结构优化工作方案的设计就是对土地利用的规划，它是有结构的，结构决定功能，而且要求整体功能大于各部分功能之总和。因此，土地利用结构优化必须坚持整体性的原则，必须从总体协调的需要出发，正确处理好每个子系统的技术要求，处理好每个子系统与整体之间、各子系统之间的矛盾，使系统处于最佳的运行状态实现整体功能最优（吕永成等，1999）。

1.3.5.2 协调性原则

土地利用总体规划作为一般意义上的宏观层次的土地利用优化配置方式，对一定区域内部的土地利用做时间、空间上的统筹安排和战略部署，而土地利用结构的优化则给予技术上的支持。土地利用总体规划的实质是土地利用结构在时空上的优化，土地利用结构优化为土地利用总体规划提供重要依据。因此，土地利用结构优化必须要与土地利用总体规划相协调，只有这样，才能使土地利用系统的整体功能发挥最佳，保证区域内土地资源的高效、持续和协调利用，才能使土地利用结构在时空上实现效益最大化（王秀兰，1999）。

1.3.5.3 继承性原则

土地利用的结构与布局是人类长期的经济活动形成的，具有一定的合理性，同时也具有一定的刚性。土地资源在时空调整的过程就是土地利用结构对现状土地利用进行调整趋优的过程。在这个过程中，并不是完全的摈弃，是扬弃，这符合土地利用刚性的特点。因此土地利用结构的优化必须以土地利用的现状为基础，在对土地利用现状的结构、空间布局和综合效益进行系统分析的基础上确定相对合理的优化方案，才能保持土地利用的稳定性，做到循序渐进。

1.3.5.4 持续性原则

土地利用既要考虑现在也要着眼于未来，即要考虑其可持续性。可持续利用的思想现在已深入人心。土地资源可持续利用是在特定的时期和地区条件下，对土地资源进行合理的开发、使用、治理、保护，并通过一系列的合理利用组织、协调人地关系及人与资源、环境的关系，以期满足当代人与后代人生存发展的需要。土地利用结构优化必须以其为根本，以其为准则来制定配置方案（陈佑启，1999）。

1.3.5.5 动态性原则

土地的自然要素和经济要素是不断变化和发展的，随着社会因素的变化，导致土地利用配置方案不断进行调整和优化。土地利用配置方案的优化具有相对性，要根据区域经济发展变化的需要不断进行适时调整和修正，以保持相对优化的状态，从而在相对稳定的基础上表现区域土地利用的动态性（刘岩，1999）。

1.3.5.6 因地制宜原则

区域土地利用结构优化不仅要遵循资源优化配置本身的一般规律，而且还必须注重不同国家、不同时期的特殊自然与社会经济条件，由此决定了土地利用结构优化的目标、主体、结构、方式、规模等必然呈现出较强的差异性。土地利用结构优化同样必须严格遵循因地制宜、区别对待的原则，针对不同地区的不同水平，选择适合自身特点的土地利用结构优化的配置机制与实现模式，避免土地资源的空闲与荒废。

1.3.5.7 综合效益最大化原则

土地利用结构优化的综合效益最大原则，并不是经济效益、社会效益和生态效益等目标效益间的均衡或同时获得这几种目标效益的最大化，而是通过一种主导目标辅以其他目标的实现，还要视具体地区、系统层次而做出选择。因为这些效益在一个具体的项目上则既有可能相互依存，也有可能互相排斥。因此，对一个具体的土地利用结构优化方案，必须全面衡量各种效益并进行利弊的权衡，按综合效益原则实行资源分配，土地利用结构才能实现优化配置（孙晓，2005）。

1.3.6 土地利用结构优化的相关模型

土地利用结构优化就是以比较优势理论为基础，在一定约束条件下，把土地资源配置给效益较高的用地部门，以提高土地利用的总体效益。总体来看，有关土地利用结构优化的文献可按两个属性进行划分：一是优化目标的数量与内容；二是所用的优化模型（李鑫等，2016）。

1.3.6.1 传统数学优化模型

土地利用结构优化最初始的模型是一般线性模型，在数学软件 Lingo、MATLAB 中都可求解，并且没有变量数目限制。后来认识到目标年土地利用对各目标的作用系数与基期年不同，于是用灰色模型预测目标年的系数后再代入一般线性模型，就是所谓的灰色线性优化模型（耿红等，2000）。由于优化目标与土地利用类型面积一般是线性关系，因此，单目标优化时一般都是线性模型，但多目标决策时可能产生非线性表达式，如理想点法。但无论线性还是非线性模型，在数学软件中都可求解。

1.3.6.2 启发式算法

土地利用结构优化的启发式算法主要有遗传算法（GA）、模拟退火算法（SA）、蚁群算法（ACO）及粒子群算法（PSO）。启发式算法首先通过初始化产生初始解，再通过循环进化改进解的效果，当达到预设条件后便输出理想的土地利用结构，不同启发式算法的差别在于其进化算子的不同，同时由于土地利用结构优化时，变量数目相对较少，在目前计算机运算能力下，各启发式算法都能取得良好效果。

1.3.6.3 不确定数学优化模型

不确定优化是最优化理论的一个新分支，用于解决复杂不确定环境下的优化问题，其代表着一种新的优化理念。土地利用结构不确定优化认为目标年土地利用的相关参数是不确定的，通常用区间数、模糊数学、概率函数来表示目标年的不确定性参数。土地利用结构不确定优化最关键的是识别出不确定变量，且能够找到不确定变量的数学表达式，如不确定变量的区间大小、概率分布函数、隶属度函数及粗糙集空间等，Verburg P. H.等（2013）认为有两种方式可得到不确定变量的数学形式：一是根据大量历史数据得到其数学函数；二是用专家打分法确定其数学分布。事实上，土地利用结构不确定优化已为第三轮全国土地利用规划中弹性空间大小确定提供了有力技术支持。

1.3.6.4 其他方法

其他方法主要指人工神经元网络模型、系统动力学模型（SD）及马尔科夫法，实际上，这些模型并不是优化方法，而只是土地利用结构的预测或模拟方法（汤江龙，2006）。人工神经元网络首先是寻找社会经济因子与土地利用结构间的复杂数学关系，但这种关系是一种黑箱，并不能用明确公式表达出来，其次再根据目标年社会经济因子大小确定未来土地利用结构；与人工神经元网络相对的是 SD 模型，它把社会经济与土地利用间的复杂关系通过各种参数表达出来，于是可改变不同参数大小以定义不同情景，进而求取不同情景下的土地利用结构。马尔科夫法单纯根据不同用地类型的历史转移概率预测未来土地利用结构。

1.3.7 土地利用布局优化的相关模型

土地利用布局优化就是规划师在空间对各类土地资源进行重新安排，使土地利用综合效益有所提高，布局优化的根本标准是空间适宜度，就是把各类土地资源配置到其适宜度更高的空间单元，其目标除了经济、生态与社会利益外，还包括空间目标，如空间分布的紧凑性、兼容性等。

1.3.7.1 CA 模型与 ABM 模型

元胞自动机模型（CA）只能对单一用地类型作空间模拟，不能对空间布局进行优化，其基本原理是根据两期土地利用现状图得到某用地类型的空间布局变化规则，再用该规则推演未来用地布局，其主要用于未来城镇用地布局模拟（黎夏等，2004）。多智能体模型（ABM）既可对单用地类型模拟，又可对多用地类型空间布局模拟，其基本原理是先确定不同智能体对不同用地的空间偏好规则，再根据该些规则进行空间配置，与 CA 模型一样，其只能进行布局模拟，不能进行空间优化（刘小平等，2006），ABM 模型主要用于基于农户行为的农用地布局模拟、基于居民及其他智能体行为的居住用地布局模拟、基于动物行为的保护区用地布局模拟等。

1.3.7.2 CLUE-S 模型

CLUE-S 模型由 Peter Verburg 提出，主要用于土地布局变化模拟。CLUE-S 模型最为突出的是其对多用地类型空间配置能力，首先根据土地空间布局的历史变化规律以 Logistic 回归方式得出不同用地的分布规则，再以该规则推演未来用地布局状况，其主要用于未来一定土地利用结构约束下的空间布局模拟（Lesschen et al.，2007），然而也有学者利用其全局配置能力，先对土地利用布局规则进行优化，再求得优化的用地布局（李鑫等，2015）。可见，CLUE-S 模型主要用于多用地类型布局模拟，偶尔用于布局优化，但对优化标准、优化目标都不能量化，因此，空间布局优化能力有限。

1.3.7.3 传统数学模型

土地资源微观优化配置本质上是一个复杂的优化问题，可以用传统优化模型求解，只是优化单元为一个个空间个体，国外学者是用传统线性模型或非线性模型对土地资源进行空间优化配置，以把不同土地类型分配给不同空间单元（Cocks et al.，1989）。Ligmann-Zielinska 用非线性优化模型对城市内部土地做了空间优化，求取了每个栅格的最佳用地类型选择，但在空间目标量化上其进行了严重简化，使模型求解相对容易。最为著名的是荷兰阿姆斯特丹自由大学的 Aert 教授用 4 类传统优化模型对土地资源进行空间优化配置（Aert et al.，2003）。

1.3.7.4 启发式算法

近年来，一些学者发现启发式算法对土地资源空间优化配置具有优势，首先数据输入较为方便，其次可以很好地量化空间目标，再次可对较大范围的研究区进行优化配置。启发式算法中，常用的是遗传算法（GA）与模拟退火算法（SA），Aert 比较了 GA 与 SA 在土地资源空间配置中的优势，认为无论在运行效率还是优化效果上，GA 比 SA 更有优势，但优势并不明显。国内学者刘耀林与刘小平又分别用粒子群算法（PSO）与蚁群算法（ACO）对土地资源进行了空间优化配置，且发现 ACO 比 SA 与 GA 都有优势（Liu et al.，2013）。

1.4 生态系统服务功能：理论、方法与进展

1.4.1 生态系统服务功能的概念

土壤、植物和动物是人类赖以生存和发展的物质基础，但人类一直到 20 世纪中期才认识到生态系统健康对于人类生存环境的重要性。20 世纪 40 年代以来，生态系统概念与理论的提出以及发展，促进了人们对生态系统结构与功能的关注和了解，并为人们对生态系统服务的进一步研究提供了科学基础。自 70 年代人们开始逐渐提出生态系统服务的概念并加以运用，目前生态系统服务已逐渐成为生态学研究的重点。

生态系统服务功能的概念最早是由 SCEP 在《人类对全球环境的影响报告》中提出的，标志着生态系统服务功能研究的开端。Costanza 和 Daily 等认为生态系统服务功能是指生态系统与生态过程所形成与维持人类赖以生存的自然环境条件与功能（Costanza et al.，1997），也是指人类通过生态系统功能直接或间接得到产品和服务等各种利益（Daily et al.，1997）。MA 认为生态系统服务功能是指人们从生态系统获取的效益。陈国阶等（2005）认为，生态功能是生态系统维持其结构的演化过程与生境相互作用的本能和存在形式。

通常人类期望通过干预生态系统从而获得更多的效用，但是过多地从自然界获取各种利益往往忽视生态环境的承载力，导致破坏生态平衡使得生态环境退化。生态系统结构的变化往往会导致一系列的生态系统服务的变化，如毁林开荒可导致严重的水土流失，对土壤保持和水源涵养等服务造成严重的影响，但农田的开垦又往往促进粮食生产服务的形成；大规模植被建设促进了植物生产力增加，同时对地下水具有复杂的影响，并进一步对工农业用水造成潜在影响。

生态系统服务相互关系体现为权衡与协同，对其进行分析是生态保护策略制定的重中之重。生态系统提供的多重服务可以同时出现，但大多数情况下，某一种服务的产生是在其他多重服务损失的基础上产生的，在这种情况下，权衡的分析和理解就成了生态政策制定中的关键（Millennium Ecosystem Assessment Frameworks，2005；谢高地等，2003），通过人工的适度干预，实现多重服务的均衡分展，才能实现区域的可持续发展。

关于生态系统服务功能的定义很多，但是最简洁明了的定义是：生态系统服务功能是指人类从生态系统中获得的效益。生态系统给人类提供各种效益，包括供给功能、调节功能、文化功能以及支持功能。

这里要注意区分生态系统功能和生态系统服务功能这两个概念，生态系统功能是指生态系统本身所具有的属性，包括物质循环、能量流动、信息传递等，而生态系统服务功能是指人类从生态系统中直接或间接所获得的效益。因此，生态系统服务是生态系统功能的表现，生态系统功能是生态系统服务的基础。一般来讲，生态系统服务与生态系统功能有对应的关系，但两者关系不是一一对应的。在有些情况下，1 种生态系统服务可由 2 种或 2 种以上功能所共同产生；同时，1 种功能又可能会同时参与 2 种或 2 种以上的生态系统服务的产生过程（冯剑丰，2009）。

1.4.2 生态系统服务功能的分类

目前，关于生态系统服务功能的分类方法有很多（见表 1-1）。

Costanza（1997）在评估全球生态系统服务功能时，提出 17 种功能：大气调节、气候调节、干扰调节、水量调节、水资源保持、侵蚀与沉积物滞留控制、土壤保持、土壤形成、营养元素循环、废物处理、授粉、生物量控制、栖息地、食物生产、原材料生产、基因资源、娱乐和文化。

欧阳志云等（1999）总结概括了八大生态系统服务功能：有机质的生产与生态系统产品、生物多样性的产生与维持、调节气候、减轻洪涝与干旱灾害、土壤肥力的更新与维持、传粉与种子的扩散、有害生物的控制、环境净化。

谢高地（2001）将生态系统服务功能分为三大类，即生活与生产物质的提供、生命支持系统的维持以及精神生活的享受。

MA（2005）根据对生态系统评价与管理的需要，将生态服务功能分为四大类：供给服务、调节服务、文化服务和支持服务。

表 1-1 生态系统服务功能评估框架及指标体系（任晓旭，2012）

	内容
Costanza 等（1997）	大气调节、气候调节、原材料生产、基因资源、干扰调节、水量调节、水资源保持、授粉、生物量控制、侵蚀与沉积物滞留控制、土壤保持、土壤形成、营养元素循环、废物处理、栖息地、食物生产、娱乐和文化
欧阳志云等（1999）	有机质的生产与生态系统产品、生物多样性的产生与维持、调节气候、土壤肥力的更新与维持、传粉与种子的扩散、有害生物的控制、环境净化、减轻洪涝与干旱灾害
谢高地（2001）	生活与生产物质的提供（食物生产、原材料生产、维持生物多样性）；生命支持系统的维持（气体调节、气候调节、水文调节、废物处理、保持土壤）；精神生活的享受（提供美学景观）
MA（2005）	供给服务（如食物、水、纤维、燃料）；调节服务（如调节气候、水）；文化服务（如精神、美学、教育、娱乐）；支持服务（如初级生产与土壤形成）

1.4.3 生态系统服务功能评估方法及模型

对生态系统服务功能进行评估量化，有助于人们更直观地了解生态系统服务功能，更好地把握可持续发展的状况，但是由于生态系统服务市场还不够完善，所以对生态系统服务进行评估是非常困难的。

目前关于生态系统服务的定量评价方法，我国学者赵景柱等（2000）将国外学者的评价方法归纳为三类，认为基于不同的角度主要有三种方法：能值分析法、物质量评价法和价值量评价法。

生态系统服务功能评估模型主要介绍以下三种。

InVEST（integrated valuation of ecosystem services and trade-offs）是由自然资本项目支持开发的、免费开源的、用以量化多种生态系统服务功能（如生物多样性、碳储量和碳汇、作物授粉、木材收获管理、水库水力发电量、水土保持、水体净化等）的评估模型。该模型由一系列模块和算法组成，可用于模拟土地利用/覆被变化情景下生态系统服务功能的变化（Nelson et al.，2010）。InVEST 模型用于评估多种生态系统服务功能，同时通过情景分析预测生态系统服务功能的变化；InVEST 模型可根据土地利用/覆被图的时空变化来模拟陆地生态系统碳储量、农作物产量、生境质量和稀有性等生态系统服务功能的动态变化，为有关部门管理和决策提供参考。

ARIES（artificial intelligence for ecosystem services）是由美国佛蒙特大学开发的生态系统服务功能评估模型（Villa et al.，2009）。通过人工智能和语义建模，ARIES 集合相关算法和空间数据等信息，可对多种生态系统服务功能（碳储量和碳汇、美学价值、雨洪管理、水土保持、淡水供给、渔业、休闲、养分调控等）进行评估和量化（Bagstad et al.，2011）。ARIES 模型则能通过“源”“汇”和“使用者”3 个关键要素，刻画生态系统服务流的动态。

SolVES（social values for ecosystem services）是由美国地质勘探局与美国科罗拉多州立大学合作开发的用于评估生态系统服务功能社会价值的模型（Brown & Brabyn，2012，Sherrouse & Semmens，2013）。此模型可用来评估和量化美学、生物多样性和休闲等生态系统服务功能社会价值，评估结果以非货币化价值指数表示（不进行货币化价值的估算）。SolVES 适用性很广，但在新的地区应用时，需要花费较多时间进行调查。

1.4.4 生态系统服务功能研究进展

至今，对于生态系统服务的研究方法很多，不同方法可能导致结果出现较大差异。国外生态系统服务功能评价以 Costanza 等（Costanza et al.，1997）和联合国千年生态系统评估（MA）（Millennium Ecosystem Assessment Frameworks，2005）的研究为主，谢高地等在 Costanza 等提出的评估模型的基础上（Costanza et al.，1997；谢高地等，2003）制定了中国的生态系统服务价值当量表，结合区域实际进行修正得出区域的生态系统服务功能的价值。该方法优点是操作简单，需要参数较少，其不足之处是机理欠缺，尤其是对生态系统服务形成与驱动机制缺乏足够的探讨。随着空间分析方法的展开，尤其是“3S”技术的开发，一系列生态系统服务评估模型涌现出来，如美国农业部开发的 USLE 模型被广泛应用于山区土壤保持服务的评价（Renard et al.，1996）；斯坦福大学等开发的 InVEST 模型（Sharp et al.，2016），将一系列服务评估模型整合打包，依托于 ArcGIS 平台，实现了多重服务的同时评价与权衡分析，此外还有一系列模型，如 SWAT、WEPP、ARIES 等，更是将人工智能及社会经济数据整合进生态系统服务模型中，不仅充实了生态系统服务的研究内容，更拓宽了生态系统服务的研究思路，增多了生态系统服务的研究方法，为生态系统服务机理的挖掘与形成机制的探究打下了坚实的基础。

水土流失作为全球最严重的生态环境问题之一，受到了国内外学者的广泛关注，已经发展为全球变化研究的一个重要组成部分。土壤保持量作为一种重要的生态系统服务功能可以用作定量估算一个地区的水土流失状况的指标。随着计算机技术及 GIS 和 RS 技术的发展，国内外学者开发了许多土壤侵蚀量预测模型，如美国的 WEPP 模型（Laflen et al.，1991）、荷兰的 LISEM 模型（De Roo et al.，1996）、欧洲的 EUROSEM 模型（Morgan et al.，1998）、江忠善的坡面土壤流失预报模型（江忠善，郑粉莉，2004）等，但国内外对土壤侵蚀量和土壤保持量的定量估算最常采用修正的通用土壤流失方程（Revised Universal Soil Loss Equation，RUSLE）模型（Renard，1995），因为该模型需要的参数易于获取，操作简单，模拟效果好，具有其他模型所不能代替的优势。近年来，国内对土壤保持服务的研究大都是对水土保持生态系统服务价值评估（欧阳志云等，1999；余新晓，2008）。以往相关研究中，一类是结合统计数据，另一类是运用 RS 和 GIS 的土壤侵蚀模型，而后者的方法运用较多。

余新晓等（2007，2008）在总结前人提出的生态系统服务功能概念的基础上，提出了水土保持生态系统服务功能的定义，他给出的定义是，在水土保持过程中采用的各种措施对保护和改良人类及其社会赖以生存的自然环境条件的综合效用。盛莉等（2010）对中国水土保持生态系统服务功能的研究中，将土壤保持作为水土保持服务的一部分，运用 USLE 对土壤保持服务进行定量的计算。孙文义等（2014）运用 RUSLE 方法对黄土高原生态系统的土壤保持量进行定量计算，进而对不同生态系统的水土保持服务进行了分析评价。本书运用相类似的方法对晋北地区的土壤保持服务进行定量分析，希望能够有针对性地对生态环境退化的区域提供指导。

水是生态系统以及生命必需的元素，生态系统主要通过海洋蒸发、植物蒸腾、水汽输送、降水和地表、地下径流等水循环过程为各生命有机体提供水分。陆地生态系统中的水资源主要来源于大气降水，而在大气降水和水资源之间又存在着各种耗水过程。潜在的水资源是大气降水除去渗漏、蒸散后剩下的固态和液态水，即陆地生态系统所有形式产水的总和（葛菁等，2015）。产水服务是一种重要的生态系统服务，又叫地表产水量，是地表径流与地下入渗的总和，也是流域水文模型的一个主要输出（Costanza et al.，1997）。产水量越大，水资源供给服务就越多（Daily，1997）。产水量的计算基于水量平衡法，即降雨量减去蒸散发和地下渗漏后所剩余的部分（Leemans and Groot，2005）。流域水文模型很多，主要的计算步骤大同小异；以中国的新安江模型为例，根据输入的实测水面蒸发与当时的土壤湿度，代入蒸散发模型，可计算出流域蒸散发（赵人俊，1984）。再根据输入的实测降雨与计算的蒸散发，通过产流方程，即可计算出径流；把径流代入分水源方程，即可计算出地面径流、壤中流与地下径流，合并计算而成为流域的产水量。其他模型如 SWAT、WEPP 模型都能对径流等进行计算。InVEST 是近年来由美国自然基金会和大自然保护协会联合开发的一个模型集成，其中的产水服务是基于 budyko 方程得以实现的（Sharp et al.，2016）。

产水量是森林生态系统的生态效益的直观反映，森林植被因具有庞大的林冠层、枯落物层和根系等以及疏松的土壤，影响着产水量的作用。整体来讲，国内外对水源涵养服务的研究较多，对于产水量的研究也很深入。丁访军等（2009）对赤水河下游的不同林地类型的水源涵养服务进行了研究，陈引珍等（2009）和郑培龙等（2006）对重庆缙云山的不同林分的土壤贮水特性和水源涵养进行了评价，张彪等（2008）、蒋文伟等（2002）、刘学全等（2009）对不同地区的森林中不同类型植被的水源涵养服务进行综合评价分析，而刘世海、余新晓（2005）侧重于对林冠层的水源涵养服务的研究；常宗强等（2001）侧重于对枯枝落叶层的服务研究；吴建平等（2004）和党宏忠等（2006）则侧重于对林地中土壤水文特征的研究；周择福等（2003）对不同经营模式下的水源涵养林进行了研究，对比了不同经营模式水源涵养的区别。

虞依娜、彭少麟（2010）对生态系统服务价值评估进展的研究中，系统全面地描述了国内外生态系统服务的概念以及分类的发展变化，比较了国内外的生态系统服务评价的方法，并且分析了全球、区域和单个的生态系统服务评价的研究进展，全面且深刻，最后指出了大多数对生态系统服务的研究集中在森林和湿地等单一的自然生态系统的评估中，对于退化生态系统的服务研究较少，对于复合的生态系统研究也不够精确，而且也是基于静态的平衡模型。因此，本书结合以往的研究经验，对晋北地区各项生态系统服务，主要是产水服务与土壤保持服务的研究进展进行了总结，运用适合当地的研究方法进行了深入而客观的研究。

1.5 研究区概况

晋北地区位于 38°39′56″—40°44′35″N、110°56′30″—114°32′30″E，位于我国山西省北部，地处黄土高原农牧交错带，土地沙化现象严重。东部与河北省毗邻，北至外长城，与内蒙古自治区接壤。研究区总面积为 3.17×10^6hm^2，占山西省面积的 20.23%。其轮廓呈东北向西南倾斜走向，东西间距较长，南北间距较短，共包括大同市、朔州市和忻州市的 20 个县区，其中有大同市部分县区（左云县、新荣区、南郊区、大同县、浑源县、阳高县、天镇县）、朔州市所有县区（右玉县、平鲁区、朔城区、山阴县、怀仁县、应县）及忻州市的部分县区（偏关县、河曲县、保德县、神池县、五寨县、代县、繁峙县）。

1.5.1 自然概况

1.5.1.1 地形地貌

晋北地区是典型的黄土广泛覆盖的山地高原，地势东北高西南低，海拔在 698～3 092 m。该区地貌类型种类丰富，有盆地、丘陵和山地，其中区域东部为大同盆地，西部为地形参差不齐的黄土丘陵区。

1.5.1.2 气候

晋北地区属于温带大陆性季风气候，受季风影响，四季较为分明。气候特征是：春季气候多变，风沙较大；夏季气候温和，雨水集中；秋季短暂，雨水少；冬季漫长，寒冷干燥。研究区光照充足，灾害性天气较多，昼夜温差较大，年均气温在 4.6～6.8℃。年降水量为 380～460 mm，且夏季降水较多。年日照时数为 2 300～2 900 h，年均蒸发量可达 2 000 mm，无霜期 100～130 d（李皎，2015）。

1.5.1.3 植被

晋北地区地处暖温带落叶阔叶林和温带草原带的过渡区，植被覆盖率较低，主要植被有沙棘、柠条、虎榛子、黄刺玫、胡枝子等灌丛，还有百里香、羊胡子草、铁杆蒿、冷蒿、针茅、芦苇等草类，以柠条和沙棘最为多见（王云峰，2010）。山区还生长着许多可供观赏的野生花卉植物（许一然，2013）。该区植被覆盖率低，土壤裸露面积大，防风固沙以及蓄水能力很有限。

1.5.1.4 水文

晋北地区主要特点是河流较多，源于东西高原山地，流向西南的黄河水系有三川河、朱家川河等，流向东的海河水系有桑干河、南洋河等。主要河流有忻州市、朔州市及大同市的朱家川河、县河、偏关河、恢河、大沙沟、苍头河、黄河水、滹沱河、十里河、口泉河、浑河、淤泥河、御河和南洋河等。

1.5.1.5 土壤

依据目前我国通用的土壤分类系统，晋北地区的土壤共有 14 个种类。其中褐土面积最大，高达 60.52%，属半淋溶型土壤，大部分被开垦为农田，是晋北地区主要的耕作土壤条件。栗钙土主要分布在中北部，是半干旱农牧交错区的典型土壤，主要分布在山地丘陵及沟壑地带；粗骨土和黄绵土分别分布在研究区的东部和西部，主要分布在山丘地区，具有明显的粗骨性特征，粗骨碎屑物多，细粒物质易被淋失，因此风蚀、水蚀情况大多较重，是土壤侵蚀强烈的一种土壤类型（刘贤赵等，2005）。此外，晋北地区还零散分布有较易发生风蚀的风沙土、盐土、火山灰土等，严重地破坏了土壤的蓄水能力，使土壤沙化更严重。

1.5.2 社会经济概况

1.5.2.1 人口

截至 2014 年年底，晋北地区总人口达 582.61 万人，其中，城镇人口 323.39 万人，乡村人口 259.22 万人，自然增长率 1.62‰。城镇人口密度和城镇化水平呈现逐年上升的态势。

1.5.2.2 经济

2014 年，晋北地区国内生产总值达 2 087.30 亿元，其中，第一产业 136.90 亿元，占该区国内生产总值的 6.55%；第二产业 1 202.16 亿元，占 57.60%；第三产业 748.24 亿元，占 35.85%。人均国内生产总值为 35 826.60 元，农民人均纯收入为 7 077.45 元，且农民人均纯收入占人均 GDP 的比例逐年下降，由 1986 年的 45.78%下降到 2014 年的 19.75%。研究区农林牧渔业总产值达 261.77 亿元，其中，农业产值 134.66 亿元，占 51.44%；林业产值 17.61 亿元，占 6.73%；牧业产值 103.16 亿元，占 39.41%。农业机械总动力为 496.74 万 kW，农用化肥施用量为 20.70 万 t。粮食播种面积为 $697.05\times10^3hm^2$，粮食产量为 260.49 万 t，牲畜数量（以羊计）为 394.23 万只。

研究区工业较发达，以煤炭、焦炭、水泥企业为主，煤炭资源丰富。2014 年拥有规模以上企业单位 567 个，工业销售产值达 2 000 亿元，利润总额达 158 亿元。

1.6 研究内容及技术路线

1.6.1 研究内容

1.6.1.1 土地利用/覆被时空格局及驱动力研究

收集晋北地区 1986 年、1994 年、1999 年、2009 年和 2014 年的 TM 影像，利用计算机非监督分类和人工目视解译相结合方法解译晋北沙区土地利用/覆被状况，对结果进行检验，验证解译的精度，最终得到晋北地区土地利用/覆被状况，分析晋北地区近 30 年来的土地利用时空格局变化趋势。选取影响 LUCC 的自然与社会驱动因子，运用典范对应分析方法定量分析研究区 LUCC 的相关因子。

1.6.1.2 晋北地区景观格局及动态演化分析

综合考虑遥感影像信息和实地调查，结合林业清查资料，选取能够反映景观格局变化的指数，基于 Fragstas4.2，从景观类型水平、景观整体水平上，对 1999 年、2009 年的晋北地区景观的要素构成特征、景观格局时空演变特征进行分析。

1.6.1.3 运用 InVEST 模型，分析时空格局与动态变化规律

根据水量平衡法，基于流域尺度对 1999 年、2009 年和 2014 年晋北地区生态系统的产水服务进行定量评估。借助修正通用土壤流失方程（Revised Universal Soil Loss Equation，RUSLE）分析晋北地区这三个年份的土壤保持量空间分布及其变化特征，并分析土壤保持量与植被覆盖度和海拔高度的关系。利用 NDVI 与 NPP 的关系方程计算并分析研究区三个年份的 NPP 服务的时空变化。

1.6.1.4 晋北地区生态安全现状评价

采用“驱动力—压力—状态—影响—响应”（DPSIR）概念模型的基本框架，建立晋北地区生态安全评价指标体系，并利用主成分分析法（PCA）评价该区的生态安全现状，分析其 1986—2014 年的变化趋势。

1.6.1.5 基于 SD 模型的土地利用格局仿真

利用系统动力学原理，构建晋北地区土地利用系统动力学（System Dynamics，SD）模型，探索研究区土地利用系统内部组成成分之间的因果关系，从整体角度寻找改善的方法，通过设置不同的发展情景，仿真模拟晋北地区 2020 年的土地利用数量结构。

1.6.1.6 基于 CA-Markov 模型的土地利用空间配置

通过构建土地利用适宜性指标体系，建立 Logistic 回归方程，并进行 ROC 检验，从而得到研究区的土地利用适宜性图集。利用 IDRISI 软件里的 CA-Markov 模块，验证该模型模拟的准确性，根据 2020 年土地利用结构的模拟结果，设置各情景下的转移矩阵，最后得出研究区 2020 年不同情景下的土地利用空间格局。

1.6.1.7 不同情景下生态安全与景观格局预测

基于不同情景下 2020 年土地利用及社会经济因子的预测结果，评价这些情景下研究区生态安全状况。计算不同情景下的景观格局指数，定量描述研究区景观格局的总体特征，从而对研究区土地利用优化可持续发展提出相应的对策与建议。

1.6.2 技术路线

本研究的技术路线如图 1-1 所示。

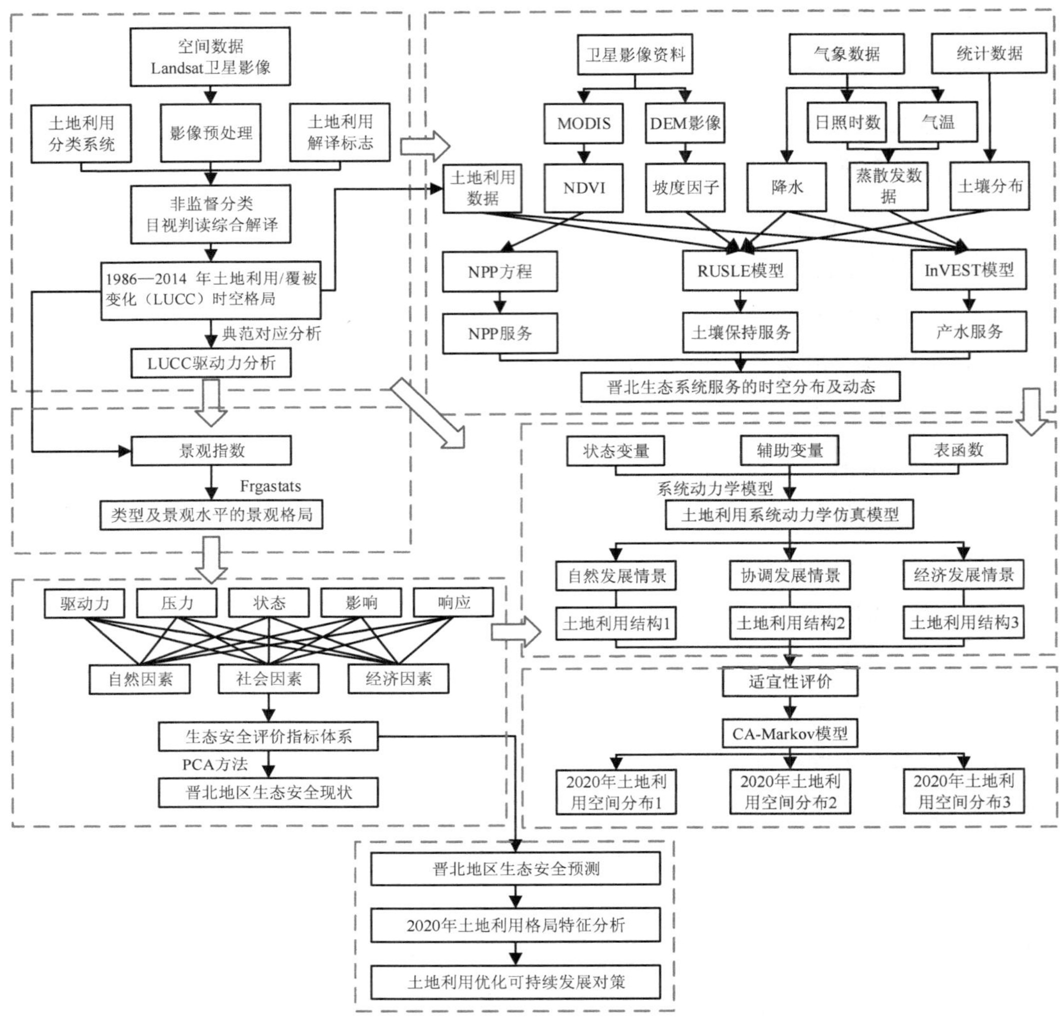

图 1-1 技术路线图

本章参考文献

[1] Aerts J C J H，Eisinger E，Heuvelink G B M，et al.. Using Linear Integer Programming for Multi-Site Land-Use Allocation. Geographical Analysis，2003，35（2）：148-169.

[2] Bagstad KJ，Villa F，Johnson G，et al. 2011. ARIES - Artificial Intelligence for Ecosystem Services：A guide to models and data，version 1.0.USA：The A RIESConsortium.

[3] Brown G，Brabyn L. The extrapolation of social landscape values to a national level in New Zealand

using landscape character classification. Applied Geography，2012，35（1-2）：84-94.

[4] Brown L R. Building a sustainable society. Society，1982，19（2）：75-85.

[5] Cocks K D，Baird I A. Using mathematical programming to address the multiple reserve selection problem：An example from the Eyre Peninsula，South Australia. Biological Conservation，1989，49（2）：113-130.

[6] Costanza R. Toward an Operational Definition of Ecosystem Health//R. Costanza，B. G. Norton，B. D. Haskell(eds). Ecosystem Health：New Goals for Environmental Management .Washington D. C：Island Press，1992：293-256.

[7] Costanza R.，d'Arge R.，de Groot R.，et al.. The value of the world's ecosystem services and natural capital.Nature，1997，387（15）：253-260.

[8] Daily，G C. Eds. Nature's service：societal dependence on natural ecosystems. Island Press，Washington，1997.

[9] De Roo A P J，Wesseling C G，Ritsma C J. LISEM：A single-event，physically based hydrologi-cal and soil erosion model for drainage basins：Theory，input and output. Hydrological Processes，1996，10（8）：1107-1117.

[10] Dobson A P，Bradshaw A D，Baker A J M. Hopes for the Future：Restoration Ecology and Conservation Biology. Science，1997，277（5325）：515-522.

[11] Guo Zhongwei，Gan Yaling. Some Scientific Questions for Ecosystem Services. Chinese Biodiversity，2003，11（1）：63-69.

[12] Laflen J M，Lane L J，Foster G R. WEPP：a new generation of erosion prediction technology. Journal of Soil & Water Conservation，1991，46（1）：34-38.

[13] Leemans H B J，Groot R S D. Millennium Ecosystem Assessment：Ecosystems and human well-being：a framework for assessment. Physics Teacher，2005，34（9）：534-534.

[14] Lesschen J P，Kok K，Verburg P H，et al.. Identification of vulnerable areas for gully erosion under different scenarios of land abandonment in Southeast Spain. Catena，2007，71（1）：110-121.

[15] Liu X，Ou J，Li X，et al.. Combining system dynamics and hybrid particle swarm optimization for land use allocation. Ecological Modelling，2013，257（2）：11-24.

[16] Millennium Ecosystem Assessment，2005. Ecosystem and Human Well-being：Synthesis. Island Press，Washington，DC.

[17] Morgan R P C，Quinton J N，Smith R E，et al.The European Soil Erosion Model（EUROSEM）：a dynamic approach for predicting sediment transport from fields and small catchments. Earth Surface

Processes and Landforms，1998，23（6）：527-544.

[18] Myers N. Environmental refugees in a globally warmed world.Bioscience，1993，43（11）：752-761.

[19] Nelson E，Sander H，Hawthorne P，et al.. Projecting Global Land-Use Change and Its Effect on Ecosystem Service Provision and Biodiversity with Simple Models. Plos One，2010，5（12）：e14 327.

[20] Norton S B，Rodier D J，Van d S W H，et al.. A framework for ecological risk assessment at the EPA. Environmental Toxicology & Chemistry，2010，11（12）：1663-1672.

[21] Rapport D J，Costanza R，et al.. Assessing Ecosystem Health.TREE，1998，13（10）：397-402.

[22] Ren Z，Huang Q，Li J. Quantitative Analysis of Dynamic Change and Spatial Difference of the Ecological Safety：the Case of Shaanxi Province. Acta Geographica Sinica，2005，60（4）：597-606.

[23] Renard K G，Foster G R，Weesles D K，et al.. Predictingsoil erosion by water：A guide to conservation planning with the revised universal soil loss equation. Agriculture Handbook，USDA，1996：703.

[24] Sharp R，Chaplin-Kramer R，Wood S et al. InVEST User's Guide.Available at http：//data. naturalcapitalproject.org/nightly-build/invest-users-guide/.（2016） accessed on 01/12/2016.

[25] Sherrouse B C，Semmens D J. Social Values for Ecosystem Services，Version 2.0（Solves 2.0）：Documentation and User Manual：Open-File Report 2012—2013. 2013，Bibliogov，United States.

[26] Singh K R，Murty H R，Gupta S K，et al.. An Overview of Sustainability Assessment Methodologies. Ecological Indicators，2009，9：189-212.

[27] Tong C. Review on environmental indicator research. Research on Environmental Science，2000，13（4）：531.

[28] Verburg P H，Eickhout B，van Meijl H.A multi-scale，multi-model approach for analyzing the future dynamics of European land use.Annals of Regional Science，2008，42：57-77.

[29] Verburg P H，Tabeau A，Hatna E. Assessing spatial uncertainties of land allocation using a scenario approach and sensitivity analysis：A study for land use in Europe. Journal of Environmental Management，2013，127（3）：S132-S144.

[30] Villa F，Ceroni M，Bagstad K，et al.. ARIES（Artificial Intelligence for Ecosystem Services）：A new tool for ecosystem services assessment，planning，and valuation，2009.

[31] Wytse Engelsman.Simulating land use changes in an urbanising area in Malaysia：An application of the CLUES model in the Selangor river basin. Wageningen University，2002.

[32] 曹新向，陈太政，王伟红. 旅游地生态安全评价研究——以开封市为例. 水土保持研究，2006，13（4）：209-212.

[33] 常宗强，王金叶，常学向，等. 祁连山水源涵养林枯枝落叶层水文生态功能. 西北林学院学报，

2001，16（S）：8-13.

[34] 陈国阶，何锦峰，涂建军. 长江上游生态服务功能区域差异研究. 山地学报，2005，23（4）：406-412.

[35] 陈引珍，程金花，张洪江，等. 缙云山几种林分水源涵养和保土功能评价. 水土保持学报，2009，23（2）：66-70.

[36] 陈佑启. 面向21世纪我国土地资源的可持续利用战略. 中国软科学，1999（11）：11-15.

[37] 崔保山，杨志峰. 湿地生态系统健康的时空尺度特征. 应用生态学报，2003，14（1）：121-125.

[38] 崔胜辉，洪华生，黄云凤，等. 生态安全研究进展. 生态学报，2005（4）：861-868.

[39] 党宏忠，周泽福，赵雨森，等. 祁连山水源涵养林土壤水文特征研究. 林业科学研究，2006，19（1）：39-44.

[40] 丁访军，王兵，钟洪明，等. 赤水河下游不同林地类型土壤物理特性及其水源涵养功能. 水土保持学报，2009，23（3）：179-183.

[41] 董恺忱，范楚生. 中国科学技术史·农学卷. 北京：科学出版社，2000：83-88.

[42] 冯剑丰，李宇，朱琳. 生态系统功能与生态系统服务的概念辨析. 生态环境学报，2009（4）：1599-1603.

[43] 葛菁，吴楠，何方，等. 新安江上游生态系统产水服务及价值. 水资源与水工程学报，2015（2）：90-96.

[44] 耿红，王泽民. 基于灰色线性规划的土地利用结构优化研究. 武汉测绘科技大学学报，2000（2）：167-171，182.

[45] 郭笃发. 利用马尔科夫过程预测黄河三角洲新生湿地土地利用/覆被格局的变化. 土壤，2006，38：42-47.

[46] 郭延凤. 基于CLUE模型的江西省土地利用变化及其对水源涵养服务的影响. 芜湖：安徽师范大学，2011.

[47] 郭中伟. 建设国家生态安全预警系统与维护体系——面对严重的生态危机的对策. 科技导报，2001（1）：54-56.

[48] 黄明等. 基于CLUE-S模型的罗玉沟流域多尺度土地利用变化模拟. 资源科学，2012，34：769-776.

[49] 江忠善，郑粉莉. 坡面水蚀预报模型研究. 水土保持学报，2004，18（1）：66-69.

[50] 蒋文伟，姜志林，余树全，等. 安吉主要森林类型水源涵养功能的分析与评价. 南京林业大学学报（自然科学版），2002，26（4）：71-74.

[51] 黎夏，叶嘉安. 知识发现及地理元胞自动机. 中国科学（D辑：地球科学），2004（9）：865-872.

[52] 李皎. 晋北地区土地沙化的环境特征及时空格局研究. 太原：山西大学，2015.

[53] 李鑫，李宁，欧名豪. 土地利用结构与布局优化研究述评. 干旱区资源与环境，2016（11）：103-110.

[54] 李鑫，马晓冬，肖长江，等. 基于 CLUE-S 模型的区域土地利用布局优化. 经济地理，2015（1）：162-167，172.

[55] 刘世海，余新晓. 北京市密云水库库区水源涵养林冠层水文特征研究. 林业科学，2005，41（1）：194-197.

[56] 刘贤赵，谭春英，宋孝玉，等. 黄土高原沟壑区典型小流域土地利用变化对产水量的影响——以陕西省长武王东沟流域为例. 中国生态农业学报，2005，13（4）：99-102.

[57] 刘小平，黎夏，艾彬，等. 基于多智能体的土地利用模拟与规划模型. 地理学报，2006（10）：1101-1112.

[58] 刘学全，唐万鹏，崔鸿侠. 丹江口库区主要植被类型水源涵养功能综合评价. 南京林业大学学报（自然科学版），2009，33（1）：59-63.

[59] 刘岩. 土地利用规划与土地资源的可持续利用. 辽宁师范大学学报(自然科学版)，1999(2)：82-85.

[60] 刘艳艳，吴大放，王朝晖. 湿地生态安全评价研究进展. 地理与地理信息科学，2011，27（1）：69-75.

[61] 陆艺. 基于矢量元胞自动机的启东市城区土地利用变化模拟与分析. 南京：南京师范大学，2013.

[62] 吕永成，宋嗣迪，黄智宇，等. 县级土地利用总体规划的理论与方法研究. 广西农业生物科学，1999（1）：61-66.

[63] 蒙吉军. 土地评价与管理. 北京：科学出版社，2005.

[64] 欧阳志云，王效科，苗鸿. 中国陆地生态系统服务功能及其生态经济价值初步研究. 生态学报，1999，19（5）：607-613.

[65] 彭建. 喀斯特生态脆弱区上地利用/覆被变化研究——以贵州猫跳河流域为例. 北京：北京大学，2006.

[66] 秦晓楠，卢小丽，武春友. 国内生态安全研究知识图谱——基于 Citespace 的计量分析. 生态学报，2014（13）：3693-3703.

[67] 曲格平. 关注生态安全之三：中国生态安全的战略重点和措施. 环境保护，2002（8）：3-5.

[68] 沈茂英. 生态安全问题研究进展与展望. 四川林勘设计，2011（3）：1-7.

[69] 盛莉，金艳，黄敬峰. 中国水土保持生态服务功能价值估算及其空间分布. 自然资源学报，2010（7）：1105-1113.

[70] 苏小苗. 山西省土地资源生态安全评价. 太原：山西大学，2008.

[71] 孙文义，邵全琴，刘纪远. 黄土高原不同生态系统水土保持服务功能评价. 自然资源学报，2014，29（3）：365-376.

[72] 孙晓，刘文锴. 土地利用结构优化的实现与实证. 平顶山工学院学报，2005（2）：1-3.

[73] 汤江龙. 土地利用规划人工神经网络模型构建及应用研究. 南京：南京农业大学，2006.

[74] 仝川. 环境指标研究进展与分析. 环境科学研究，2000，13（4）：53-55.

[75] 王薇，王昕，黄乾，等. 黄河三角洲土地利用时空变化及驱动力研究. 中国农学通报，2014，30（32）：172-177.

[76] 王秀兰，包玉海. 土地利用动态变化研究方法探讨. 地理科学进展，1999（1）：83-89.

[77] 王云峰. 基于 EOS/MODIS 数据的干旱监测在山西的应用研究. 南京：南京信息工程大学，2010.

[78] 魏彬. 生态安全评价方法研究进展. 湖南农业大学学报（自然科学版），2009（10）：572-579.

[79] 吴建平，袁正科，袁通志. 湘西南沟谷森林土壤水文—物理特性与涵养水源功能研究. 水土保持研究，2004，11（1）：74-77.

[80] 肖笃宁，陈文波，郭福良. 论生态安全的基本概念和研究内容. 应用生态学报，2002（3）：354-358.

[81] 谢高地，鲁春霞，成升魁. 全球生态系统服务价值评估研究进展. 资源科学，2001（6）：5-9.

[82] 谢高地，鲁春霞，冷允法，等. 青藏高原生产资产的价值评估. 自然资源学报，2003，18（2）：189-196.

[83] 邢容容. 青岛市土地利用/覆被变化（LUCC）分析及预测研究. 青岛：中国海洋大学，2014.

[84] 许一然. 大同市桐城中央居住小区植物配置分析. 呼和浩特：内蒙古农业大学，2013.

[85] 严金明. 简论土地利用结构优化与模型设计. 中国土地科学，2002（4）：20-25.

[86] 姚解生，田静毅. 生态安全研究进展与应用. 中国环境管理干部学院学报，2007，17（2）：47-50.

[87] 于兴修，高华中. 城市及其边缘地带土地利用/覆被变化研究. 地域研究与开发，2003，22：47-51.

[88] 余新晓，吴岚，饶良懿，等. 水土保持生态服务功能价值估算. 中国水土保持科学，2008（1）：83-86.

[89] 余新晓，吴岚，饶良懿，等. 水土保持生态服务功能评价方法. 中国水土保持科学，2007（2）：110-113.

[90] 虞依娜，彭少麟. 生态系统服务价值评估的研究进展. 生态环境学报，2010，19（9）：2246-2252.

[91] 张彪，李文华，谢高地，等. 北京市森林生态型的水源涵养功能. 生态学报，2008，28（11）：5619-5624.

[92] 张健，高中贵，濮励杰，等. 经济快速增长区城市用地空间扩展对生态安全的影响. 生态学报，2008，28（6）：2799-2810.

[93] 张晓岚. 漳卫南运河流域水生态安全指标体系构建及评价. 北京师范大学学报（自然科学版），2013（6）：626-630.

[94] 张艳芳，任志远. 景观尺度上的区域生态安全研究. 西北大学学报（自然科学版），2005，35（6）：815-818.

[95] 张永民，赵士洞，VERBURG P H. CLUE-S 模型及其在奈曼旗土地利用时空动态变化模拟中的应用. 自然资源学报，2003，1：310-318.

[96] 张勇，王李鸿. 山地生态安全及其评价方法. 水科学与工程技术，2009（4）：1-4.

[97] 张志华. 赤峰市生态安全评价研究. 呼和浩特：内蒙古师范大学，2008.

[98] 赵景柱，肖寒，吴刚. 生态系统服务的物质量与价值量评价方法的比较分析. 应用生态学报，2000（2）：290-292.

[99] 赵人俊. 流域水文模拟. 北京：水利电力出版社，1984.

[100] 郑培龙，肖江伟，吴云，等. 重庆缙云山典型林分林地土壤贮水特性研究. 水土保持研究，2006（2）：195-197.

[101] 周择福，林富荣，宋吉红. 不同经营模式的水源涵养林生态防护功能研究. 林业科学研究，2003，16（2）：189-195.

[102] 朱蕾. 土地利用/覆盖变化及其对生态安全的影响研究. 杭州：浙江大学，2007.

晋北地区土地利用/覆被时空格局与驱动力分析

由于土地利用与生态环境息息相关，因此土地利用/覆被变化必然会引起生态环境的变化（徐小明等，2011），并且对人类生存的各种资源的质量产生重大的影响（宇正虎，2011）。

本章以晋北地区 1986 年、1994 年、1999 年、2009 年和 2014 年的 TM 影像为数据源，借助 ArcGIS 软件研究了该区近 30 年来的土地利用/覆被时空格局，为之后的研究奠定了基础。

2.1 数据来源与处理

2.1.1 数据来源

本书的数据来源见表 2-1。

表 2-1 数据来源说明表

数据	来源	备注
TM，ETM 影像	EROS，USGS	条带号-行编号：126-32，126-33，125-32，125-33
年均温度、年均降水	中国气象科学数据共享服务网	反距离权重插值
人口密度，人均 GDP	地球系统科学数据共享平台	1 km×1 km
主要公路	国家基础地理信息系统	
城镇点	土地利用解译结果	
数字高程模型	EROS，USGS	STRM v4.1

2.1.2 遥感图像解译

借助 ERDAS Imagine 2013 和 ArcGIS10 软件，结合非监督分类和目视解译两种方式对土地利用信息进行了解译（李璇琼，2010）。具体步骤为（徐小明，2011）：①对获取的影像进行预处理，包括辐射校正、几何精校正、配准、图像镶嵌与裁剪、去云等。②对预处理后的影像执行计算机非监督分类，按照不同波段的特性将 TM 影像分为 30 类。③比对 TM4-3-2 波段的标准假彩色合成图像，并参考 Google Earth 影像进行目视解译，将该区的土地利用分为 8 种地类，包括耕地、林地、草地、居民交通用地、工矿用地、水域、盐碱地和裸地。④对得到的影像进行解译后处理。⑤利用 Kappa 系数对解译结果进行精度验证。Kappa 系数是用来评价解译结果和实际地物之间吻合度的指标，取值范围为 0～1，其值大小与解释精度高低呈正相关（曾群等，2009）。

经检验，研究区 1986 年、1994 年、1999 年、2009 年和 2014 年土地利用分类的 Kappa 系数分别为 0.807 6、0.826 4、0.807 9、0.825 6 和 0.823 5，分类结果良好（Jiang et al.，2015）。

2.2 土地利用/覆被时空变化特征

土地利用/覆被时空变化特征可以明显地反映一个地区的土地利用变化情况。土地利用变化主要表现为空间分布、数量变化和土地利用类型转移 3 个方面（杨朝现等，2003），以下分别从这三方面来说明土地利用变化特征。

2.2.1 土地利用/覆被空间分布

在 ArcGIS 10 软件平台的支持下，对 1986 年、1994 年、1999 年、2009 年和 2014 年的遥感解译结果建立了该区各年份的土地利用数据库，并得出相应的土地利用空间分布图，见图 2-1～图 2-5。

从图 2-1～图 2-5 可知，1986—2014 年，耕地和林地的分布逐渐向研究区西部扩张；相反，西部草地的分布则大幅度地减少；居民交通用地和工矿用地则多向周围扩展，分布逐年变广；水域则在 1986 年的基础上逐年减少；盐碱地和裸地的分布变化则更加分散。

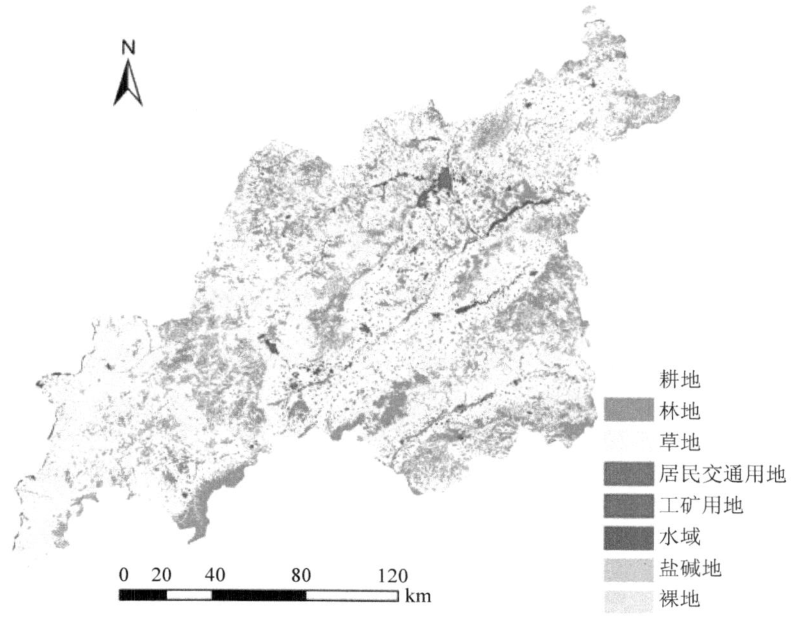

图 2-1　晋北地区 1986 年土地利用空间分布图

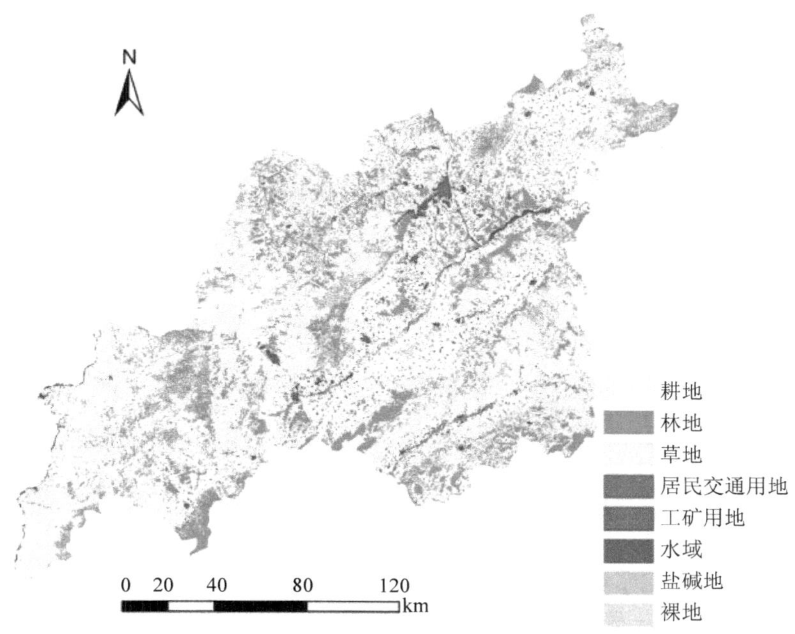

图 2-2　晋北地区 1994 年土地利用空间分布图

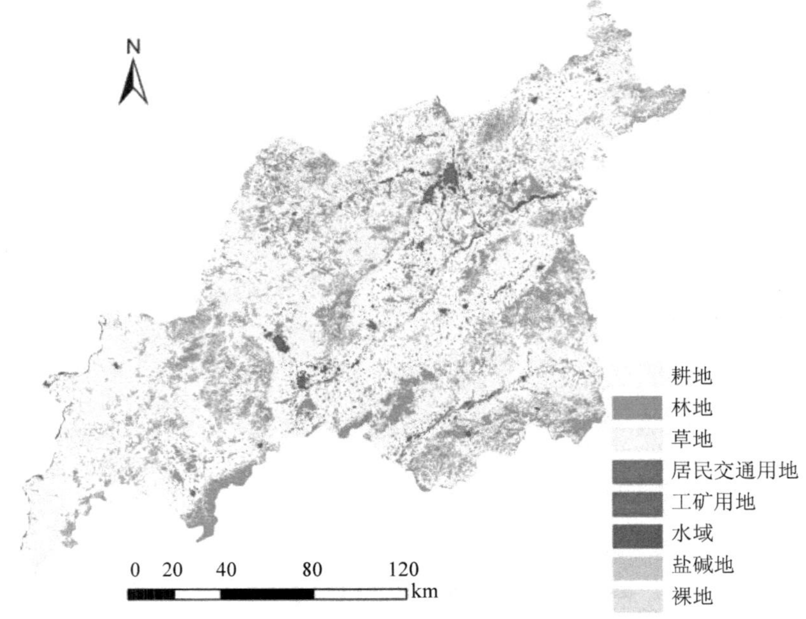

图 2-3 晋北地区 1999 年土地利用空间分布图

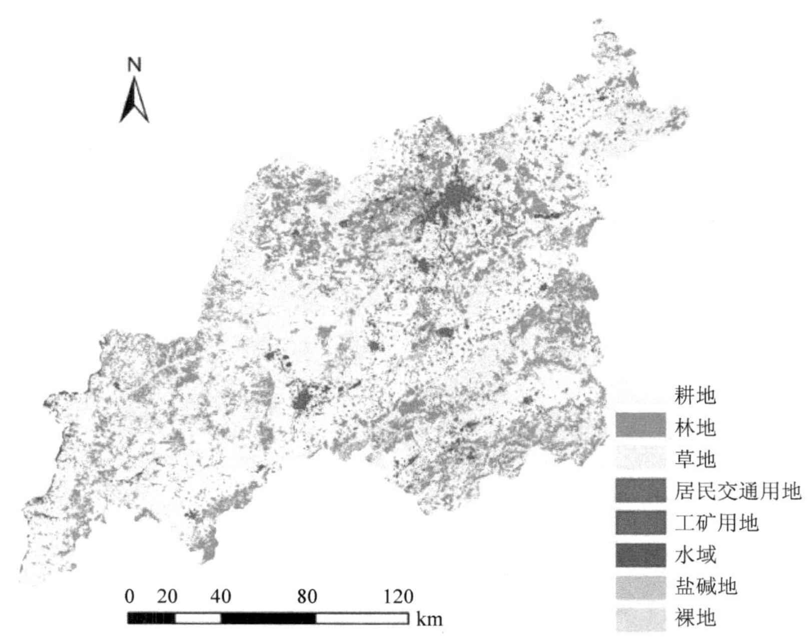

图 2-4 晋北地区 2009 年土地利用空间分布图

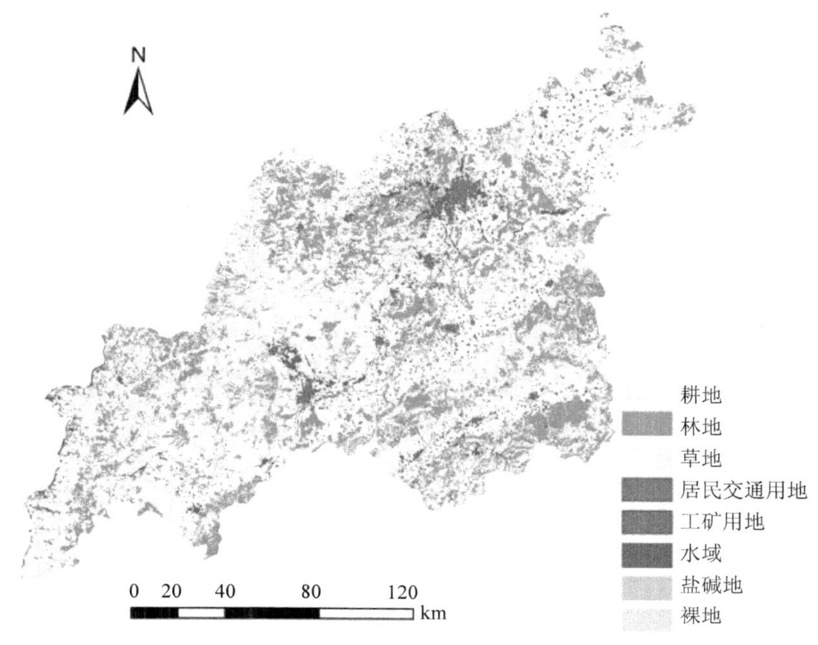

图 2-5 晋北地区 2014 年土地利用空间分布图

综合而言，晋北地区在几个年份中均表现为：耕地分布最广泛，并呈现东北—西南带状分布。林地成片分布在该区的东南部，西部整体较少。草地在整个研究区与林地、耕地夹杂分布，分布较为分散。居民交通用地集中分布在大同和朔州市区，零散分布在各县的城、镇区。工矿用地集中分布在大同市南郊区西侧和朔州市平鲁区南侧。水域主要分布在大同市南郊区东侧。盐碱地和裸地分布较少，且比较分散。

2.2.2 土地利用/覆被数量变化

土地利用/覆被的数量可以直观地表示研究区的土地利用结构，且各年份的数量变化又可以表现土地利用结构变化的整体趋势（赵卫权等，2013）。通过对各年份的土地利用空间分布图进行统计分析，得到晋北地区 1986 年、1994 年、1999 年、2009 年和 2014 年的土地利用结构数据，见表 2-2 和图 2-6。

表 2-2　晋北地区各年份土地利用结构变化

土地利用类型		耕地	林地	草地	居民交通用地	工矿用地	水域	盐碱地	裸地
1986 年	面积/10^3hm^2	1 388.24	652.51	1 024.42	59.35	10.81	28.06	5.31	6.05
	比例/%	43.73	20.55	32.27	1.87	0.34	0.88	0.17	0.19
1994 年	面积/10^3hm^2	1 387.73	610.82	1 066.08	62.03	11.38	22.19	6.20	8.32
	比例/%	43.71	19.24	33.58	1.95	0.36	0.70	0.20	0.26
1999 年	面积/10^3hm^2	1 389.68	644.90	1 024.83	64.13	14.49	20.99	6.02	9.71
	比例/%	43.77	20.31	32.28	2.02	0.46	0.66	0.19	0.31
2009 年	面积/10^3hm^2	1 362.84	697.88	974.37	83.38	20.39	18.54	7.41	9.94
	比例/%	42.93	21.98	30.69	2.63	0.64	0.58	0.23	0.31
2014 年	面积/10^3hm^2	1 323.53	751.78	947.27	92.35	25.77	16.27	7.67	10.11
	比例/%	41.69	23.68	29.84	2.91	0.81	0.51	0.24	0.32
1986—2014 年变化面积/10^3hm^2		−64.71	99.27	−77.15	33.00	14.96	−11.79	2.36	4.06
1986—2014 年变化面积比例/%		−4.66	15.21	−7.53	55.60	138.39	−42.02	44.44	67.11

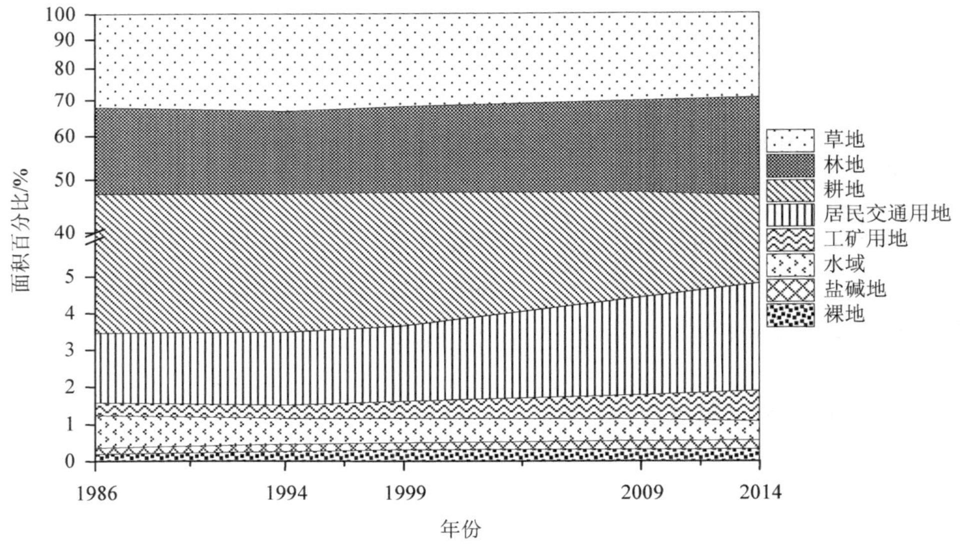

图 2-6　晋北地区各年份土地利用结构变化图

从表 2-2 和图 2-6 可知，综合 5 个年份的土地利用结构数据而言，研究区的土地利用类型主要有 3 种，包括耕地、林地和草地，以几个年份的平均值而言，耕地约占总面积的 43%，林地约占 21%，草地约占 32%，而其他 5 种土地利用类型共约占 4%。1986—2014 年，耕地面积早期稳定后期减少，林地面积先减少后增加，草地面积则先增加后减少，居民交通用地、工矿用地和裸地面积持续增加，水域面积则持续减少，盐碱地面积波动增加。

从土地利用类型结构变化角度而言，1986—2014 年，各土地利用类型的面积都发生了变化，其中，林地的面积变化最大，增加了 $99.27\times10^3\text{hm}^2$，增长率为 15.21%，在 8 种土地利用类型中其增长率排第 6 位；草地和耕地的面积分别减少了 $77.15\times10^3\text{hm}^2$ 和 $64.71\times10^3\text{hm}^2$，减少率为 7.53%和 4.66%，其变化率排第 7 位和第 8 位，这是由于草地和耕地面积基数较大，因而变化率较小；居民交通用地和工矿用地的面积变化居中，分别增加了 $33\times10^3\text{hm}^2$ 和 $14.96\times10^3\text{hm}^2$，增长率分别达到 55.60%和 138.39%，排第 3 位和第 1 位，表明近 30 年来，居民交通用地和工矿用地的面积变化相对剧烈；水域面积减少了 $11.79\times10^3\text{hm}^2$，减少率达 42.02%，排第 5 位，表明水域的面积减少的比较剧烈；裸地和盐碱地分别增加了 $4.06\times10^3\text{hm}^2$ 和 $2.36\times10^3\text{hm}^2$，增长率分别达 67.11%和 44.44%，排第 2 位和第 4 位，表明晋北地区的土地后备资源相对较充足。

2.2.3 土地利用转移

为了更好地了解晋北地区不同土地利用/覆被类型之间的转换情况，本研究通过对各年份的土地利用变化数据进行统计分析，得出该区不同时期的面积转移矩阵，见表 2-3～表 2-7。

表 2-3 1986—1994 年晋北地区转移矩阵 单位：10^3hm^2

1986 年	1994 年								减少合计
	耕地	林地	草地	居民交通用地	工矿用地	水域	盐碱地	裸地	
耕地		35.82	105.90	0.31	1.48	1.60	1.23	0.31	146.65
林地	35.20		139.81	0.31	0.25	0.43			176.00
草地	106.39	98.08		1.05	1.23	1.04		2.10	209.89
居民交通用地									0.00
工矿用地				1.66				0.12	1.78
水域	2.77	2.77	2.34				0.06	0.62	8.56
盐碱地	0.06		0.49						0.55
裸地	0.31		0.62						0.93
增加合计	144.73	136.67	249.16	3.33	2.96	3.07	1.29	3.15	544.36

注：行表示研究期初的土地利用/覆被类型，列表示研究期末的土地利用/覆被类型。减少合计表示研究期初各土地利用/覆被类型转出面积之和，增加合计表示研究期末转入各土地利用/覆被类型面积之和。表 2-4～表 2-7 与此相同。

表 2-4 1994—1999 年晋北地区转移矩阵 单位：10^3hm^2

1994 年	1999 年								减少合计
	耕地	林地	草地	居民交通用地	工矿用地	水域	盐碱地	裸地	
耕地		30.14	110.41	0.10	2.16	1.85	0.92	0.43	146.01
林地	36.49		98.63	0.30	0.62	1.42			137.46
草地	109.80	139.32		0.04	0.87	1.79	0.31	3.02	255.15
居民交通用地									0.00
工矿用地				0.55				0.18	0.73
水域	2.21	0.43	3.76					0.37	6.77
盐碱地	1.11					0.06			1.17
裸地	0.31	0.18	2.16						2.65
增加合计	149.92	170.07	214.96	0.99	3.65	5.12	1.23	4.00	549.94

表 2-5 1999—2009 年晋北地区转移矩阵 单位：10^3hm^2

1999 年	2009 年								减少合计
	耕地	林地	草地	居民交通用地	工矿用地	水域	盐碱地	裸地	
耕地		169.64	261.86	3.95	3.20	5.86	4.13	3.45	452.09
林地	126.62		227.47	4.19	1.97	1.66			361.91
草地	277.83	250.83		7.34	5.18	3.51	0.80	4.81	550.29
居民交通用地									0.00
工矿用地				3.39				0.86	4.25
水域	6.35	2.40	3.58				0.12	0.06	12.51
盐碱地	3.45		0.06			0.12			3.64
裸地	4.81	0.80	2.96						8.57
增加合计	419.06	423.67	495.93	18.87	10.35	11.15	5.05	9.18	1 393.26

表 2-6 2009—2014 年晋北地区转移矩阵 单位：10^3hm^2

2009 年	2014 年								减少合计
	耕地	林地	草地	居民交通用地	工矿用地	水域	盐碱地	裸地	
耕地		40.50	3.76	7.58	5.67	0.43	0.25	0.99	59.18
林地	3.95		0.62	0.25					4.82
草地	14.92	16.40		0.62	0.43			2.34	34.71
居民交通用地									0.00
工矿用地								0.18	0.18
水域	0.80	0.37	0.99					0.25	2.41
盐碱地	0.25								0.25
裸地	1.73		2.03				0.68		4.44
增加合计	21.65	57.27	7.40	8.45	6.10	0.43	0.93	3.76	105.99

表 2-7 1986—2014 年晋北地区转移矩阵 单位：10^3hm^2

1986 年	2014 年								减少合计
	耕地	林地	草地	居民交通用地	工矿用地	水域	盐碱地	裸地	
耕地		194.67	250.58	14.24	8.94	5.18	4.81	3.70	482.12
林地	117.99		230.24	5.30	2.34	1.73			357.60
草地	279.49	265.99		9.25	7.64	2.10	1.79	3.95	570.21
居民交通用地									0.00
工矿用地				2.84				0.06	2.90
水域	10.60	3.76	4.93				0.12	0.18	19.59
盐碱地	2.90	0.80	0.06			0.06			3.82
裸地	2.65		1.73						4.38
增加合计	413.63	465.22	487.54	31.63	18.92	9.07	6.72	7.89	1 440.62

综合以上 5 个转移矩阵可知，耕地、林地和草地之间的相互转化是研究区的主要转移类型。以 5 个转移矩阵的平均值而言，耕地、林地和草地之间的相互转化面积占总转移面积的 90.82%。具体而言，耕地的增加大部分来自林地和草地，大部分转移去向也是林地和草地；林地的增加大部分来自耕地和草地，大部分转移去向也是耕地和草地；草地的增加大部分来自耕地和林地，大部分转移去向也是耕地和林地；居民交通用地和工矿用地的增加大部分来自耕地、林地和草地，工矿用地的转移去向大部分是居民交通用地和裸地；水域、盐碱地和裸地大部分是与耕地和草地发生相互转化。

2.3 土地利用/覆被变化驱动力分析

2.3.1 研究方法

2.3.1.1 土地利用变化区域的选取

采用空间叠加的方法提取研究区内 1986—2014 年的土地利用变化斑块，为了减少数据冗余，去除细小斑块的影响，筛选变化面积在研究区总面积 0.01%（约 3.17 km^2）及以上的斑块进行土地利用转移以及驱动力分析。

2.3.1.2 典范对应分析

典范对应分析（Canonical Correspond analysis，CCA）是一种基于对应分析的直接排序的方法，它将对应分析与多元回归分析相结合，在每个计算步骤中都用环境因子进行回归。其基本思想是在对应分析的迭代过程中，每次获得的因变量（本研究中为土地利用变化）的坐标值都与环境因子进行多元线性回归。CCA 在生态学研究中得到了广泛的应用，这种方法可以有效地解释 LUCC 与驱动因素之间复杂的非线性关系，是定量分析 LUCC 驱动力的有力工具（徐广才等，2011）。

为了满足 CCA 分析的需要，参照徐广才等（2011）的方法，将 1986—2014 年的土地利用变化斑块处理为（0，1）二元数据矩阵，这一矩阵中，以 1 代表某一类型土地利用变化的发生，0 代表该类变化未发生。

将土地利用变化矩阵和驱动力矩阵输入 CANOCO V4.56 中，分析 1986—2014 年研究区总体土地利用变化的驱动力。应用 Monte Carlo 检验（499 次置换）检测驱动力因子与土地利用变化之间是否存在统计意义上显著的相关关系。

2.3.2 驱动力因子选择及相关性分析

LUCC 体现着人为和自然因素的双重影响，因此其驱动力也来自于人为和自然的两个方面。选取直接或间接影响 LUCC 的气候、地形和人类活动因子，包括人口密度、人均 GDP、道路距离、城镇距离、高程、坡度、坡向、1km 内地形起伏度、年平均温度和年平均降水 10 个具体的因子。本书对各驱动力因子进行相关分析表明地形起伏度与坡度的相关性较强（相关系数大于 0.97），因此在分析中将地形起伏度因子作为冗余变量去除。共保留 9 个相关性较小、具有典型性和独立性的驱动力指标。

2.3.3 不同历史时期 LUCC 的驱动因子分析

1986—2014 年总体看来，第一轴与人口密度的相关系数最大，且为正相关，第二轴与高程、坡度相关系数最大，为正相关。随着第一轴数值的增加，人口密度增加，坡度降低，人均 GDP 增加；随着第二轴数值的增加，高程、坡度和人口密度增加。说明 1986—2014 年研究区主要的 LUCC 驱动力包括人均 GDP、人口密度、坡度和高程。

表 2-8 1986—2014 年各驱动因子与各轴的相关系数

	驱动因素	第 1 轴	第 2 轴	第 3 轴	第 4 轴
1	城镇距离	−0.055 4	−0.089 8	−0.005 5	0.434 1
2	温度	−0.017 4	0.233 3	−0.174 3	0.319 9
3	坡度	−0.105 8	0.499 8	−0.020 2	−0.218 1
4	道路距离	−0.065 8	0.193 5	−0.066 8	−0.363 5
5	降水	−0.067 6	0.143 3	0.469 5	−0.233 6
6	人口密度	0.900 7	0.428 8	−0.418 9	−0.127 5
7	人均 GDP	0.083	−0.059 2	0.873 5	0.432 9
8	高程	−0.025	0.574 3	−0.089 2	0.637 1
9	坡向	−0.019 9	−0.039 4	0.119 4	0.167

2.3.4 不同地类变化的驱动因子分析

1986—2014 年总体看来，耕地转为居民用地和工矿用地，以及工矿用地转为居民用地主要发生在人口密度较大、人均 GDP 较高的区域；林地和草地的互相转化则发生在坡度较大、高程较高、降水较多的区域；耕地与草地、林地的互相转化，水域转为耕地和草地，以及耕地转为盐碱地主要发生在坡度和高程较小、人口密度较小的区域。

研究区人口和经济的发展是耕地、草地等地类向居民用地、工矿用地转化的主要驱动力；而林地、草地等土地覆被类型之间的转化主要受到坡度、高程和降水等自然因素的驱动。耕地受到人为作用的影响，其与自然生态系统林地、草地的互相转化更多发生在高程、坡度较小，人口密度较小的地方。本研究区的水域主要为河流，主要分布在地势低平的区域，因此其转化为耕地和草地也主要发生在这些低平且受人为影响较小的地区。而耕地与盐碱地也均位于地势低平的地方，因此坡度和高程也是耕地转化为盐碱地的主要驱动因素。

本书表明 CCA 排序可以很好地提取 LUCC 与自然、人为因素之间的关系，反映不同时期土地利用变化受到的驱动作用。总体而言，1986—2014 年研究区主要的 LUCC

驱动力包括人均 GDP、人口密度、坡度和高程。研究区人口和经济的发展是耕地、草地等地类向居民用地、工矿用地转化的主要驱动力；而林地、草地等土地覆被类型之间的转化主要受到坡度、高程和降水等自然因素的驱动。

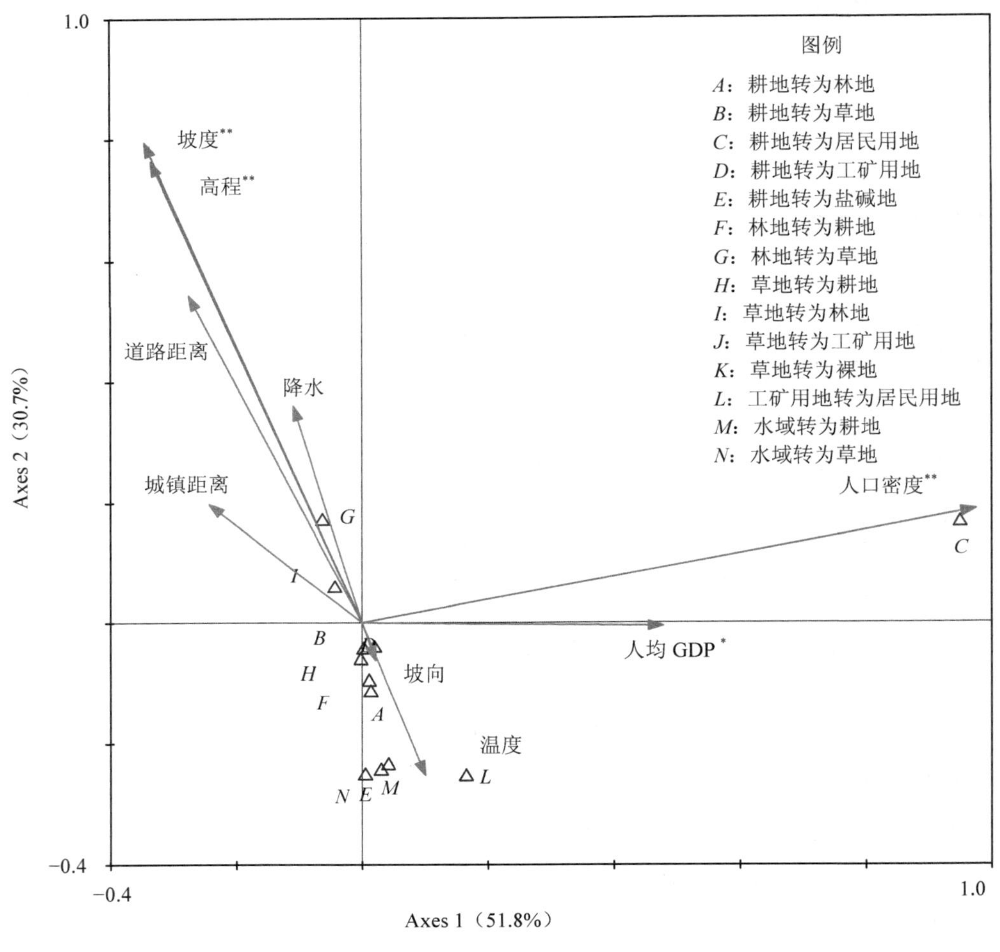

注：*表示 $p<0.05$；**表示 $p<0.01$。

图 2-7 土地利用转移类型与驱动力排序

2.4 本章小结

（1）从土地利用/覆被的空间分布角度而言，近 30 年来，耕地和林地的分布逐渐向研究区西部扩张；相反，研究区西部草地的分布则大幅度地减少；居民交通用地和工矿用地则多向周围扩展，分布逐年变广；水域则在 1986 年的基础上逐年减少；盐碱地和裸地的分布变化则更加分散。综合而言，研究区在几个年份中均表现为：耕地分布最广泛，并呈现东北—西南带状分布。林地成片分布在研究区的东南部，西部整体较少。草地在整个研究区与林地、耕地夹杂分布，分布较为分散。居民交通用地集中分布在大同和朔州市区，零散分布在各县的城、镇区。工矿用地集中分布在大同市南郊区西侧和朔州市平鲁区南侧。水域主要分布在大同市南郊区东侧。盐碱地和裸地分布较少，且比较分散。

（2）从不同土地利用/覆被类型的面积角度而言，研究区在几个年份中的土地利用类型主要有 3 种，包括耕地、林地和草地，以几个年份的平均值而言，耕地约占总面积的 43%，林地约占 21%，草地约占 32%，而其他 5 种土地利用类型共约占 4%。1986—2014 年，耕地面积早期稳定后期减少，林地面积先减少后增加，草地面积则先增加后减少，居民交通用地、工矿用地和裸地面积持续增加，水域面积则持续减少，盐碱地面积波动增加。综合而言，1986—2014 年，各土地利用类型的面积都发生了变化，其中，林地的面积变化最大，草地和耕地的面积变化次之，其他地类面积变化相对较小。

（3）从土地利用转移角度而言，耕地、林地和草地之间的相互转化是研究区的主要转移类型。1986—2014 年，耕地、林地和草地之间的相互转化面积占总转移面积的 90.82%。

（4）总体而言，1986—2014 年，研究区主要的 LUCC 驱动力来自人为和自然的双重因素。其中，人口和经济的发展造成了耕地、草地向居民用地、工矿用地转化；而林地、草地等土地覆被类型之间的转化主要受到坡度、高程和降水等自然因素的驱动。

本章参考文献

[1] Jiang W，Chen Z，Lei X，et al.. Simulating urban land use change by incorporating an autologistic regression model into a CLUE-S model. Journal of Geographical Sciences，2015，25（7）：836-850.

[2] 曾群，殷宝库，蔡明祥，等. 多时相土地利用/覆盖遥感数据处理及其精度评定——以武汉城市圈为例. 华中师范大学学报（自然科学版），2009（2）：314-318.

[3] 李璇琼. 基于 RS 和 GIS 的土地利用变化动态监测研究——以都江堰市为例. 成都：成都理工大学，2010.

[4] 徐小明，汤洁，李昭阳，等. 吉林西部水田时空变化与固碳效应研究. 第四纪研究，2011，31（2）：

370-377.

[5] 徐小明. 吉林西部水田土壤碳库时空模拟及水稻生产的碳足迹研究. 长春：吉林大学，2011.

[6] 杨朝现，陈荣蓉，刘秀华. 重庆市北碚区土地利用变化及驱动力分析. 西南农业大学学报（社会科学版），2003，1（2）：26-29.

[7] 赵卫权，周文龙，张凡，等. 贵阳市“两湖一库”地区土地利用/覆被变化及驱动力研究（始于1993年）. 贵州科学，2013（5）：88-92.

[8] 宇正虎. 土地资源环境评估的探讨. 城市建设理论研究（电子版）. 2011（16）.

基于土地利用/覆被时空变化的晋北地区景观格局研究

景观格局重点是指空间格局，能够反映景观的要素斑块，以及其结构成分的数量、类型、空间分布和配置方式。研究景观格局就是要明确景观的异质性，分析景观要素间相互作用及分布规律，把分析景观格局与研究景观的功能和变化过程联系起来，以确定改变景观格局的主要因素和作用机理。定量分析区域景观格局的重要方法是景观指数法，为了更准确地研究分析研究区生态环境和景观空间分布的变化特征，定量分析该区域的景观格局是必要的。

本章在上一章解译得到的晋北地区土地利用景观格局空间分布图的基础上，运用Frgastats4.2 景观指数计算软件，采用景观格局指数法，选择相互独立的景观指数，分别从类型水平和景观整体水平，对晋北地区土地利用景观结构、不同水平景观格局特征及时空变化进行了分析。

3.1 数据来源

本章基于 1999 年和 2009 年的土地利用解译结果进行景观格局分析，这两个年份的土地利用数据来自上一章遥感影像的解译结果。为了更好地对研究区不同地理单元下的景观格局进行分析，本章依据王孟本等（2009）对山西省黄土高原综合治理的区划，综合考虑气候、植被和土壤地带性，同时兼顾地貌和土壤侵蚀特征等因素，将晋北地区分为晋北黄土丘陵沟壑区、大同盆地平原地区和恒山、五台山土石山区。

3.2 景观指数计算方法

在长期的实践经验中，空间统计学和景观格局指数方法都可以很好地研究景观格局特征（Brush et al.，2000；彭树宏，2014）。计算某区域的景观格局指数，能够反映该区域的景观空间异质性，景观指数是描述景观结构组成及空间配置特征的定量指标，具有高度浓缩的景观信息（郝晓彬等，2001）。景观指数主要用于不连续的类型变量数据，主要分三个层次的特征：①斑块水平指数，是研究其他景观水平指标的基础，是指斑块单元的结构特征；②类型水平指数，指景观中不同斑块所属的各自类型的结构特征；③景观水平指数，指景观整体的结构特征（郝晓彬等，2001）。在景观生态学中，几乎不以单个斑块为对象进行研究（任梅芳，2012），并且描述景观格局特征的指数很多，这些指数间具有较高的相关性，不同水平的景观指数能够体现的景观的格局特征不一致。因此，在实际应用中，如果不采取相互独立的景观指数描述景观格局，计算大量不相干的、重复信息的景观指数，则不具有科学性（王景伟，王海泽，2006）。本研究在Fragstas4.2 软件环境下，分别从类型水平、景观水平两个层次对晋北地区及其分区的土地利用景观结构、类型水平和景观水平的景观格局特征及时空变化进行分析。

3.2.1 类型水平指数选取

类型水平指数反映各景观中不同斑块类型的结构特征，通常情况下不以单个斑块作为研究对象（任梅芳，2012），但是斑块水平又是研究其他景观层次指标的基础，因此，对斑块大小、数量、形状等的描述也很重要。类型水平指数包括斑块数量、最大斑块指数、边缘长度、斑块面积、平均斑块、面积加权、异质性指数等。本研究采取 6 个相互独立的具有优势性的景观指数，从景观基本结构、破碎度、异质性及斑块复杂程度分析晋北地区的景观结构特征，各指数见表 3-1。

表 3-1 类型水平指数

指标	缩写	含义
斑块占景观面积比例	PLAND	同一种类型的斑块的面积之和占景观整体总面积的比例，决定景观的生物多样性、优势种及数量等生态系统指标
斑块密度	PD	斑块数除以斑块面积，反映景观破碎度
斑块数量	NP	指景观类型中的斑块的总数，反映景观空间格局，描述景观异质性
最大斑块指数	LPI	景观中最大斑块的面积除以总面积乘以 100 转化为百分比，有助于确定景观的优势类型
景观形状指数	LSI	同一类型斑块边界的长度和与景观总面积之比开平方，再乘以正方形较正常数。参考标准是正方形，LSI≥1，当斑块为正方形时 LSI=1，形状越不规则，LSI 越大
斑块平均面积	AREA-MN	某类景观要素斑块面积的算数平均值，反映区域该类景观要素斑块规模的平均水平及景观破碎化程度

3.2.2 景观水平指数选取

景观水平指数反映景观的整体结构特征，根据晋北地区的景观特征以及景观水平指数间的相关性，从景观连通性、多样性、景观蔓延度和景观聚集度分析晋北地区景观水平的格局变化。见表 3-2 景观水平指数体系。

表 3-2 景观水平指数

景观格局指数类型	指标	缩写	含 义
连通性	内聚力指数	COHESION	在景观水平上判断不同景观类型间的连接度
多样性	香农多样性指数	SHDI	反映景观要素的数量、种类和占比变化，反映景观中斑块的丰富度和异质性
	景观均匀度指数	SHEI	描述景观中各要素分配的均匀程度，反映优势斑块支配景观的程度
蔓延度	蔓延度指数	CONTAG	表达不同景观斑块类型的团聚程度以及延展趋势
聚集度	斑块聚合度指数	AI	描述不同景观要素的聚集程度，反映景观中要素之间的分散程度

3.3 晋北地区景观格局特征及时空变化分析

3.3.1 土地利用景观结构及时空变化

研究区的土地利用结构特征，可以通过计算土地利用/覆被的数量变化来体现，同时也能表现各年份的数量变化以及土地利用结构变化的整体趋势（张靓，曾辉，2015）。经过解译的晋北地区的土地利用分为 8 种地类，包括耕地、林地、草地、居民交通用地、工矿用地、水域、盐碱地和裸地。统计得到晋北地区的景观类型面积变化表（见表 3-3），以及晋北黄土丘陵沟壑区、大同盆地平原地区、恒山、五台山土石山区的土地利用类型变化图（见图 3-1）。

表 3-3 晋北地区 1999—2009 年景观类型结构

		耕地	林地	草地	居民交通用地	工矿用地	水域	盐碱地	裸地
1999 年	面积/10^3hm^2	1 389.68	644.90	1 024.83	64.13	14.49	20.99	6.02	9.71
	比例/%	43.77	20.31	32.28	2.02	0.46	0.66	0.19	0.31
2009 年	面积/10^3hm^2	1 362.84	697.88	974.37	83.38	20.39	18.54	7.41	9.94
	比例/%	42.93	21.98	30.69	2.63	0.64	0.58	0.23	0.31
1999—2009 年变化面积/10^3hm^2		−26.84	52.98	−50.46	19.25	5.9	−2.45	1.39	0.23

（a）晋北黄土丘陵沟壑区

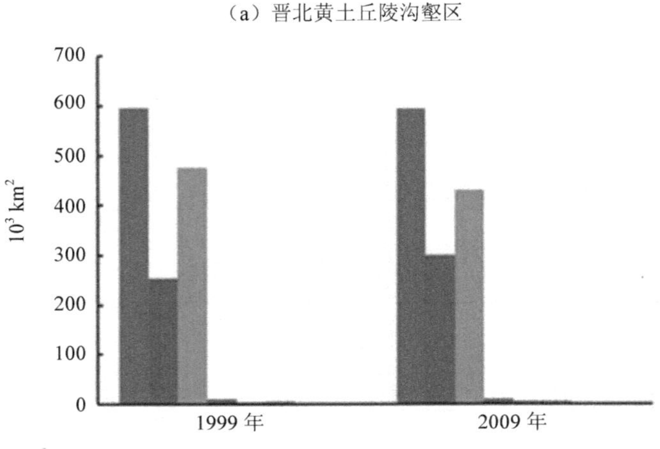

（b）大同盆地平原地区

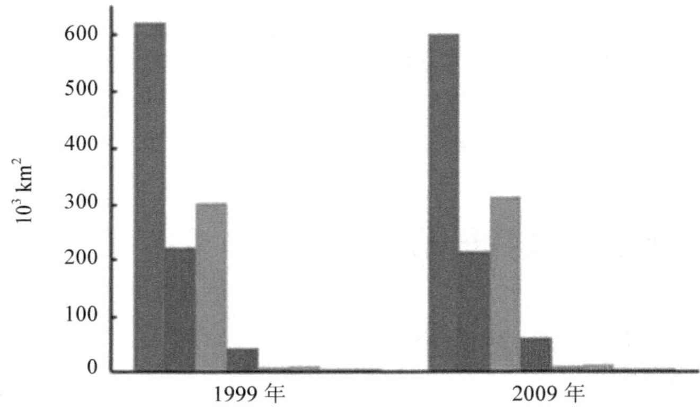

（c）恒山、五台山土石山区

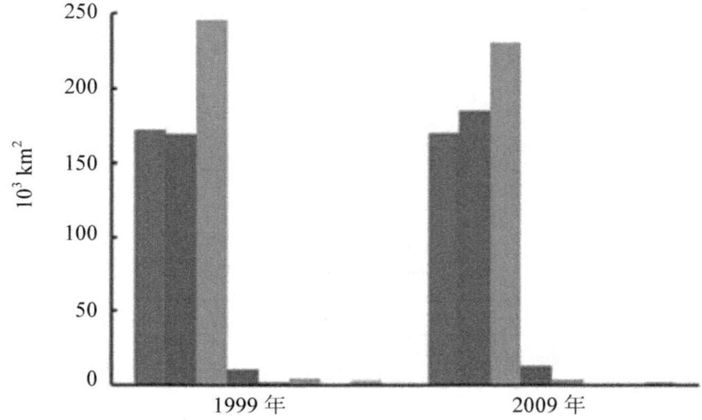

■耕地 ■林地 ■草地 ■居民用地 ■工矿用地 ■水域 ■盐碱地 ■裸地

图 3-1　晋北地区分区景观类型变化

综合上述图表可知，耕地、林地、草地是晋北地区及其三个分区的主要景观类型，其中耕地约占总面积的43%，林地约占21%，草地约占32%，而其他5种土地利用类型共约占4%。

由表3-3可知，1999—2009年，林地的面积增加最多，增加了$52.98\times10^3hm^2$；草地面积减少最多，减少了$50.46\times10^3hm^2$，耕地面积减少次之，为$26.84\times10^3hm^2$；居民交通用地、工矿用地面积逐年增加，变化相对剧烈；水域面积则逐渐减少$2.45\times10^3hm^2$；盐碱地和裸地面积波动增加，表明晋北地区的土地后备资源相对充足。

结合图3-1，分区来看，晋北黄土丘陵沟壑区耕地、林地、草地分别占该区面积的44%、21%、33%；大同盆地平原地区耕地、林地、草地分别占该区总面积的49%、19%、25%；而恒山/五台山土石山区草地面积最大，占该分区总面积的42%。从图中可以看出，大同平原地区和恒山/五台山土石山区的居民和工矿用地面积比黄土丘陵沟壑区大。

总之，土地利用景观类型的分布在晋北黄土丘陵沟壑区、大同盆地平原地区、恒山、五台山土石山区存在差异，这客观地反映出由于不同区域的社会经济条件和自然条件的不同而导致了不同区域间的景观格局不同，可为土地利用景观格局分区及土地利用总体规划分区提供相应的参考。

3.3.2 类型水平的景观格局特征及时空变化分析

斑块类型占景观面积比例（PLAND）表示某种类型斑块的面积之和占整个景观总面积的比例，反映景观组成的基本构成。由表3-4和图3-2（a）可看出，耕地占景观类型的面积最大，占总面积的43%，表明耕地是晋北地区占绝对优势的景观类型。10年间，耕地、林地面积的比例分别下降0.60%、1.83%；草地面积上升比例1.80%。居民交通用地、工矿用地、水域、盐碱地、裸地所占的景观面积比例较小。1999—2009年，居民、工矿用地斑块类型所占面积比例增加，水域、盐碱地、裸地景观类型所占面积比例呈减少趋势，但是变化幅度不大。

斑块密度（PD）能够很好地体现景观破碎度。PD值越大，说明该景观的破碎化程度就会越大。从图3-2（b）中可以看出，工矿用地和盐碱地的PD值增大，说明其分布分散，破碎化程度增加，人类活动的干扰，不合理的生态重建工程等对景观有一定的干扰。其他土地利用类型的斑块密度均减小，表明斑块分布趋于规整，斑块连片化程度提高，破碎化程度降低，这归功于退耕还林还草工程的建设，将坡地和高海拔地区的土地退还为草地。

表 3-4 1999—2009 年晋北地区景观水平指数变化

土地利用类型	年份	PLAND	PD	NP	LPI	LSI	AREA_MN
耕地	1999	43.861 8	0.038 8	1 233	33.027 2	79.663 8	1 129.380 0
	2009	43.215 7	0.032 3	1 024	26.681 2	55.074 6	1 342.319 0
林地	1999	32.193 4	0.076 4	2 427	3.879 0	91.451 9	434.740 5
	2009	30.359 8	0.067 6	2 147	3.244 7	66.900 8	559.994 2
草地	1999	20.306 0	0.074 1	2 351	1.880 4	73.903 7	265.626 3
	2009	22.109 5	0.054 2	1 719	1.545 9	68.256 0	326.593 8
居民交通用地	1999	2.023 7	0.043 2	1 370	0.276 4	35.451 0	46.897 8
	2009	2.592 6	0.032 2	1 022	0.533 2	32.417 4	80.449 7
工矿用地	1999	0.470 1	0.005 9	186	0.092 1	13.734 7	80.241 9
	2009	0.622 9	0.010 3	326	0.020 5	19.894 7	60.659 5
水域	1999	0.670 9	0.009 8	310	0.053 5	19.762 7	68.709 7
	2009	0.578 8	0.007 2	230	0.056 7	17.872 7	80.240 2
盐碱地	1999	0.185 8	0.002 3	73	0.037 8	10.000 0	80.821 9
	2009	0.227 6	0.003 2	103	0.059 1	11.176 5	69.471 2
裸地	1999	0.288 2	0.006 5	206	0.015 0	15.282 1	44.417 5
	2009	0.293 0	0.006 3	201	0.008 7	15.205 1	46.039 6

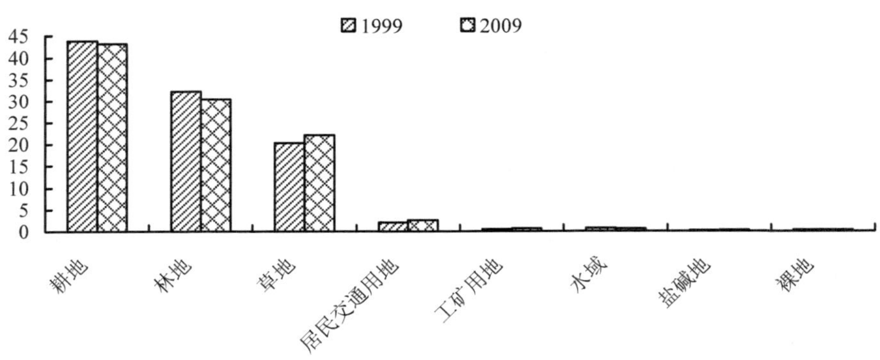

（a）PLAND

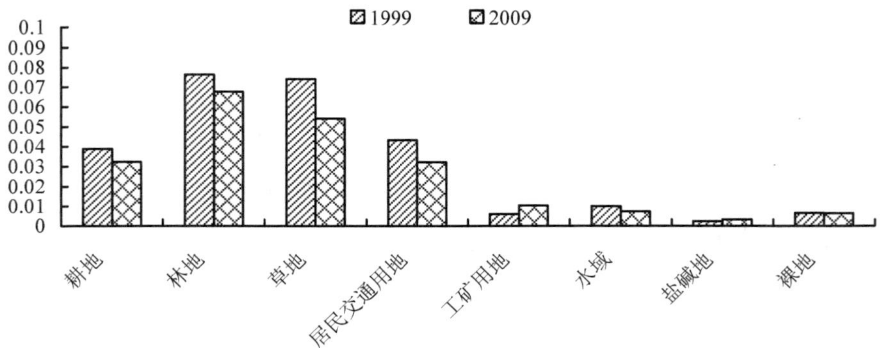

（b）PD

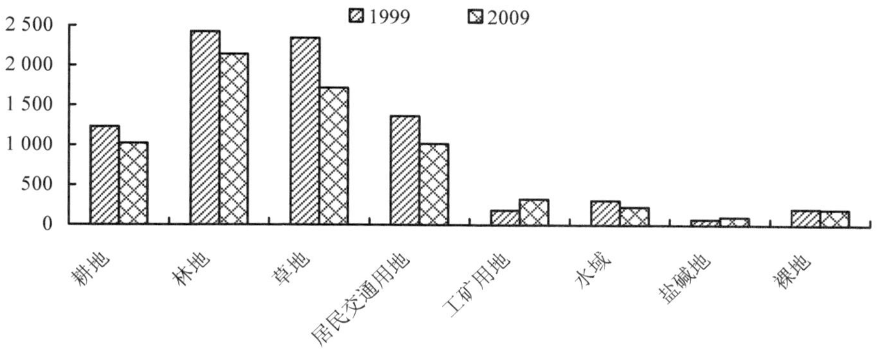

（c）NP

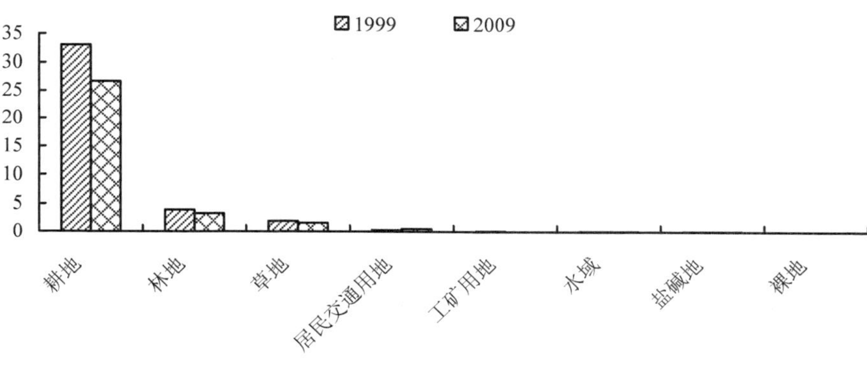

（d）LPI

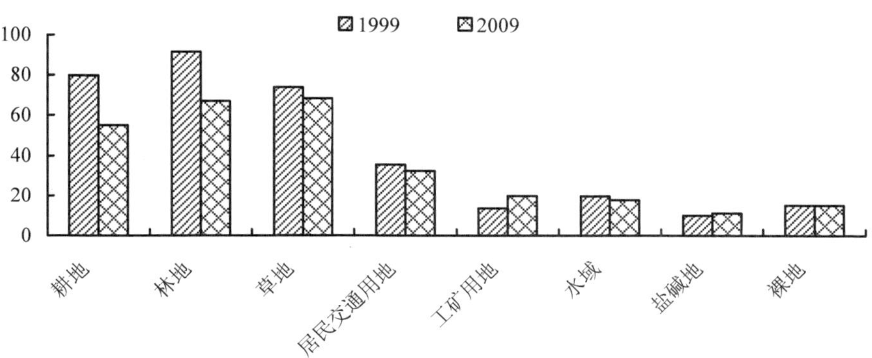

（e）LSI

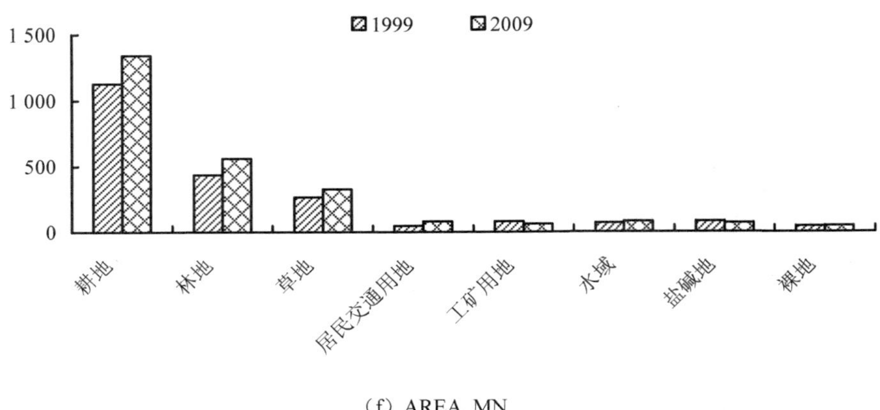

（f）AREA_MN

图 3-2 晋北地区景观水平指数分布条形图

景观异质性程度可以由斑块个数（NP）和最大斑块指数（LPI）来反映。从斑块个数分布图 3-2（c）来看，除工矿用地和盐碱地外其他土地利用类型斑块个数均降低，说明景观异质性程度降低。其中，草地和盐碱地的斑块数量呈现最多和最少两个极端情况。图 3-2（d）显示，除居民交通用地外其他土地利用类型的最大斑块指数均降低，其中，耕地是三大主要景观类型中降低最为显著的，由 1999 年的 33%下降到 2009 年的 26.68%，揭示了人类活动对耕地的干扰强度很大，同时作为晋北地区的优势地类，其景观优势度下降，异质性增强。

从景观形状指数（LSI）图 3-2（e）可以看出，1999—2009 年，林地的斑块形状指数最大，其次是耕地、草地、居民交通用地、水域、裸地、工矿用地，可见林地景观类型更为复杂。从图 3-2（e）可见 2009 年草地斑块形状指数居第一，主要原因是除大同盆地地势低缓外，其余地区特别是晋北黄土丘陵沟壑区及恒山、五台山土石山区，地形崎岖，景观破碎，荒草分布较多，并且形状分布不规则。在研究期间内，耕地、林地、草地三种景观类型的斑块指数都在降低，而工矿用地和盐碱地呈增加趋势，说明人类活动强度对于景观复杂程度有很大的影响，导致斑块形状越发复杂。

斑块平均面积（AREA_MN）反映景观要素斑块规模的平均水平，能够揭示景观的破碎化程度的变化。由图 3-2（f）可知，1999—2009 年，耕地、林地、草地一直保持优势，说明耕地、林地、草地是研究区的主要景观类型。耕地的平均斑块面积呈波动趋势，斑块数呈逐年减少趋势，表明耕地破碎化程度降低，斑块趋于完整化。耕地、草地、居民交通用地、水域的平均斑块面积呈增加趋势，工矿用地、盐碱地、裸地呈现小幅度的波动趋势。

3.3.3 景观水平的景观格局特征及时空变化分析

3.3.3.1 景观的连通性分析

连通性反映景观中不同斑块之间的连续程度。由表 3-5 可知，晋北地区 NP、PD 的时间序列均呈降低趋势。其中，整个研究区景观类型总的斑块数减少 1 462 个，斑块总数减少表明晋北地区景观异质性降低；斑块密度（PD）反映景观破碎化程度，1999—2009 年，斑块密度从 0.256 9 下降到 0.213 5，内聚力指数（COHESION）均在 98.4 以上，呈微弱的增加趋势，表明晋北地区退耕还林还草工程的连片化建设使得斑块逐渐趋于规整、集中分布，晋北地区破碎化程度降低，斑块间的连通度增加。

表 3-5 1999—2009 年晋北沙漠化地区景观水平指数变化

	NP	PD	COHESION	SHDI	SHEI	CONTAG	AI
1999 年	8 450	0.256 9	98.476 1	1.216 3	0.584 9	45.901 9	59.023 4
2009 年	6 988	0.213 5	98.478 3	1.245 2	0.598 8	47.857 8	68.125 6

3.3.3.2 景观的多样性分析

香农多样性（SHDI）主要反映景观异质性，与研究区中景观类型的数量和景观要素类型之间的面积差异相关。香农多样性指数（SHDI）和均匀度指数（SHEI）都用来比较同一景观不同时期或不同景观多样性变化。晋北地区景观类型均为 8 类，景观丰度没有发生变化，但是景观多样性指数和均匀度指数均有所上升。香农多样性指数从 1.216 3 上升至 1.245 2，均匀度指数仅上升了 0.013 9，表明该时段景观要素趋于多样化发展，景观的多样性水平提高，并且异质性提高；但是 SHDI 和 SHEI 增加幅度缓慢，说明在研究区内某种斑块类型处于有利地位，景观类型面积分散，但趋于稳定状态，从单一型转换为多元型。

3.3.3.3 景观的蔓延度与聚合度分析

1999—2009 年，晋北地区及其三个分区的蔓延度指数（CONTAG）与聚合度指数（AI）变化趋势一致，整体呈上升趋势，其中蔓延度指数总体升高 1.96，聚合度指数总体升高 9.10，表明斑块间的空间关系趋于聚合，斑块之间的连通性和团聚程度增加，使得景观整体聚集度和蔓延度增加，景观破碎化程度有所降低。

3.4 本章小结

本章综合 GIS 和 Fragstats，采用景观格局指数法，以 LANDSAT 解译得到的晋北地区土地利用景观格局空间分布图为基础，分别从类型水平和景观整体水平，选取相对独立的景观指数，对晋北地区土地利用景观结构、不同水平景观格局特征及时空变化进行分析并得到以下结论：

（1）晋北地区及其各分区的土地利用景观结构以耕地、林地、草地为核心，1999—2009 年耕地类型占主导优势，并且耕地面积呈减少趋势。恒山、五台山土石山区草地面积最大，占该分区总面积的 42%。土地利用景观类型分布在不同区域存在差异，表明不同区域、不同的社会经济条件和自然条件导致景观格局的分布不同，本研究结果可为土地利用景观格局分区及土地利用总体规划中的土地利用分区提供参考。

（2）类型水平的景观格局特征及时空变化分析可知，耕地是晋北地区占绝对优势的景观类型，且耕地最大斑块指数降低最多，景观优势度下降，异质性增强；除工矿用地和盐碱地外，其他景观类型的斑块密度和斑块个数均减小，表明斑块分布趋于规整，斑块连片化程度提高，破碎化程度降低；1999 年林地斑块形状指数最大，其景观类型更为复杂，在研究期间内，耕地、林地、草地三种景观类型的斑块指数都在降低，而工矿用地和盐碱地呈增加趋势，说明人类活动加强，使得景观复杂程度增加，斑块形状趋于复杂。

（3）景观水平的景观格局特征及时空变化分析可知，晋北地区的景观斑块总数减少，斑块密度下降，内聚力指数增大，表明斑块分布集中，团聚程度增加，破碎化程度降低，斑块间的连通性增大；景观多样性指数和均匀度指数有所增加，说明景观要素趋于多样化发展，景观异质性提高，并且研究区内某种斑块类型处于有利地位，景观类型面积虽分散却稳定；景观整体聚集度和蔓延度增加，斑块间的空间关系趋于聚合，斑块之间的连通性和团聚程度增加，景观破碎化程度有所降低。

本章参考文献

[1] Brush R，Chenoweth R E，Barman T. Group differences in the enjoyability of driving through rural landscapes. Landscape & Urban Planning，2000，47（1）：39-45.

[2] 郝晓彬，赵永生，张利. 道路线形与景观协调性分析. 辽宁省交通高等专科学校学报，2001，3（1）：9-11.

[3] 彭树宏. 地理景观点面空间关系分析方法与应用研究. 中国科学院大学，2014.

[4] 任梅芳. 基于 CLUE-S 模型的南宁市土地利用景观格局时空动态变化模拟研究. 广西师范学院，2012.

[5] 王景伟，王海泽. 景观指数在景观格局描述中的应用——以鞍山大麦科湿地自然保护区为例. 水土保持研究，2006，13（2）：230-233.

[6] 王孟本. 山西省黄土高原地区综合治理规划研究. 北京：中国林业出版社，2009：52-53.

[7] 张靓，曾辉. 基于 MODIS 数据的内蒙古土地利用/覆被变化研究. 干旱区资源与环境，2015，29（1）：31-36.

基于土地利用/覆被时空变化的晋北地区生态系统服务功能研究

晋北地区干旱多风，土地荒漠化严重，直接威胁到当地生态平衡。水资源短缺是晋北地区面临的主要生态问题，也是当地生态重建的主要限制因素。随着社会经济的发展，人口增长迅速，对水资源的需求更加强烈。晋北地区过度的人类活动改变了地表结构，如毁林开荒导致的水土流失，对土壤保持和水源涵养等服务造成严重的危害，对产水服务的供给造成了负面影响（虞依娜，彭少麟，2010）。产水服务作为一个主导的生态系统服务，是干旱区与生态脆弱区生态环境建设的一个限制性服务（吴哲等，2014）。对于晋北地区来说，产水量直接反映其降水与蒸发的关系，为分析区域水资源供应能力及水资源的规划、管理以及水库建设等提供重要参考依据。本章基于 InVEST 模型，对 1999 年、2009 年和 2014 年晋北地区产水服务的时空变化进行了定量的分析。

晋北地区沙质化与水土流失情况极为严重，许多学者对该区域的沙化原因、气候特征、土地利用变化等进行了深入研究，但目前该地区水土流失和土壤保持服务方面的研究仍少见报道。因此，本章分析了研究区土壤保持量在京津风沙源治理工程实施前后的时空分布特征及其变化趋势，并分析了不同植被覆盖度和海拔分级下的土壤保持量的变化及其相关性。

此外，本章也基于多年份的 NDVI 数据，利用其在黄土高原区与植被净初级生产力（NPP）的高度相关性，估算了研究区生态系统的 NPP 功能并分析其时空分布状况。本章研究内容也可作为评估晋北地区水土保持生态系统服务功能的重要科学依据，进而用于评价研究区开展的一系列生态工程的实际效益，为区域进一步开展土地利用、生态规划、生态恢复等工程提供理论依据，而这对于保障整个地区的社会经济可持续发展具有重要意义。

4.1 晋北地区生态系统产水服务时空变化

4.1.1 数据来源及处理

产水服务研究所需的数据主要包括土地利用图、土壤数据、地形数据（DEM 数据）、气象数据（月均温度、日照时数、降雨数据）、蒸散发数据、流域数据等。其中，土壤数据包括土壤质地和土壤深度，来源于寒区旱区科学数据中心的《基于世界土壤数据库（Harmonized World Soil Database，HWSD）的中国土壤数据集（v1.1）》；气象数据包含晋北地区的 10 个站点的 1999 年、2009 年和 2014 年共 3 个年份的月降雨量、月均温以及月日照时数等，来源于中国气象科学数据网站的数据；地形数据来源于地理空间数据云平台，是全球空间分辨率为 30 m 的数字高程数据产品；流域数据包括研究区流域矢量图以及子流域的矢量图。土地利用/覆盖分类信息来自于第 2 章研究成果。土壤数据、降雨、年均温等数据在 ArcGIS 软件下进行栅格化并进行裁剪，作为 InVEST 模型的输入数据。

4.1.2 研究方法

产水量是指降水量除去蒸腾作用部分的水源供给部分，即指可利用水以及地下补给水两部分，主要包括土壤含水量、地表产流、枯落物持水量和冠层截留量等（白杨等，2013；秦嘉励等，2009）。晋北地区的产水服务研究对于保护和保障当地水资源的供给，同时对于缓解干旱及沙化状况有一定的现实意义。本研究通过运用 InVEST 模型，根据水量平衡法，基于流域尺度对 1999 年、2009 年和 2014 年的产水量进行定量计算，具体公式如下：

$$Y_{xj}=\left(1-\frac{\mathrm{ATE}_{xj}}{P_x}\right)\cdot P_x \tag{4-1}$$

式中：Y_{xj} —— 年产水量；

P_x —— 栅格单元 x 的年均降水量；

ATE_{xj} —— j 土地利用类型上的单元 x 的年均蒸散发量。

由于年均蒸散发量难以直接测定同时也没有现成的数据可以直接利用，因此其计算公式如下（Zhang et al.，2001）：

$$\frac{\mathrm{ATE}_{xj}}{P_x}=\frac{1+\omega_x R_{xj}}{1+\omega_x R_{xj}+\dfrac{1}{R_{xj}}} \tag{4-2}$$

式中：R_{xj}——j 土地利用类型上栅格单元 x 的无量纲干燥指数（Allen et al., 1998; Pandey et al., 2006），表示潜在蒸发量与降水量的比值；

ω_x——修正植被年可利用水量与降水量的比值（白杨等，2013），量纲 1。

R_{xj}、ω_x 的计算见式（4-3）和式（4-5）。

$$R_{xj}=\frac{k_{xj}\cdot \mathrm{ET}_{0x}}{P_x} \tag{4-3}$$

式中：ET_{0x}——栅格单元 x 的潜在蒸散量；

k_{xj}——j 土地利用类型上栅格单元 x 的植被蒸散系数（Allen et al., 1998）（具体参数见表 4-1）；

P_x——栅格单元 x 的年均降水量。

$$\mathrm{ET}_0=0.001\,3\times 0.408\times \mathrm{RA}\times (T_{av}+17)\times (\mathrm{TD}-0.012\,3P)^{0.76} \tag{4-4}$$

式中：ET_0——潜在蒸散量，mm/d，是基于修订后的 Hargreaves 方程的一种简单计算方式，当数据不充分时，比 Pennman-Montieth 法能产生更好的结果；

RA——太阳大气顶层辐射，MJ/（$\mathrm{m}^2\cdot\mathrm{d}$）；

T_{av}——日最高温均值和日最低温均值的平均值，℃；

TD——日最高温均值与日最低温均值的差值，℃。

$$\omega_x=Z\cdot\frac{\mathrm{AWC}_x}{P_x} \tag{4-5}$$

式中：Z——Zhang 系数（Zhang et al., 2001; Milly et al., 1994; Potter et al., 2005; Donohue et al., 2006），是表征多年平均降水特征用的一个常数，它是模型计算中比较关键的参数，为一个季节性因子，代表季节性降水分布和降水深度，我们采用默认的数值 9.433；

AWC_x——可利用水含量，mm，是由土壤深度、土壤质地和有效根深（参数见表 4-1）共同决定的，（其中 PAWC_x 由土壤质地计算，指植被可利用水含量）表明植被能够持水和向土壤中释放水分的总量，具体由式（4-6）得出；

P_x——栅格单元 x 的年均降水量。

$$\mathrm{AWC}_x=\mathrm{MIN}(\text{Max Soil Depth}_x,\ \text{Root Depth}_x)\times \mathrm{PAWC}_x \tag{4-6}$$

由于潜在蒸散量需要日最高温均值和日最低温均值数据，而本研究的研究尺度是年份，我们的气象数据有限，是以月为单位的，并且太阳大气顶层辐射数据也很难获取，因此，我们采用 Hamon 公式（Hamon，1960；Wolack and Mccabe，1999）对潜在蒸散量进行了计算，具体方法如下：

$$\mathrm{PED}_{\mathrm{Hamon}} = 13.97dD^2W_t \tag{4-7}$$

式中：d—— 一个月中的天数；

D—— 每年的平均月日照时数（以 12 h 为单位）；

W_t—— 饱和水汽密度值，主要是与温度有关。

其计算公式如下：

$$W_t = \frac{4.95 \cdot \mathrm{e}^{0.062T}}{100} \tag{4-8}$$

式中：T—— 温度，℃，当温度是零下的时候，潜在蒸散量设置为 0。

最后基于晋北地区的多年平均径流量和蒸散量的观测数据，采用水量平衡法对研究结果进行校验，得到晋北地区的多年平均产水量（郭晓军等，2010）。

表 4-1 InVEST 模型参数表

土地利用类型	1 000 k_{xj}（作物系数）	根系深度（Root-Depth）
耕地	750	300
林地	800～1 000	1 500～5 000
草地	600～650	500
居民建设用地	1	1
工矿用地	1	1
水域	1 000	0～1
裸地	1	1

4.1.3 产水服务时空动态

InVEST 模型的输出有流域和栅格两种显示结果，以流域显示产水量能更好地与区域水文特征联系起来，所以本研究选择以流域为基本单元显示产水量结果。DEM 图将研究区划分为朱家川河、县河、偏关河、恢河、大沙沟、苍头河、黄河水、滹沱河、十里河、口泉河、浑河、淤泥河、御河和南洋河 14 个流域，参见图 4-1。

图 4-1 晋北地区流域划分图

通过基于流域尺度对晋北地区 1999 年、2009 年和 2014 年的产水量进行了定量的运算，得出研究区的产水量空间分布图，如图 4-2～图 4-5 所示。

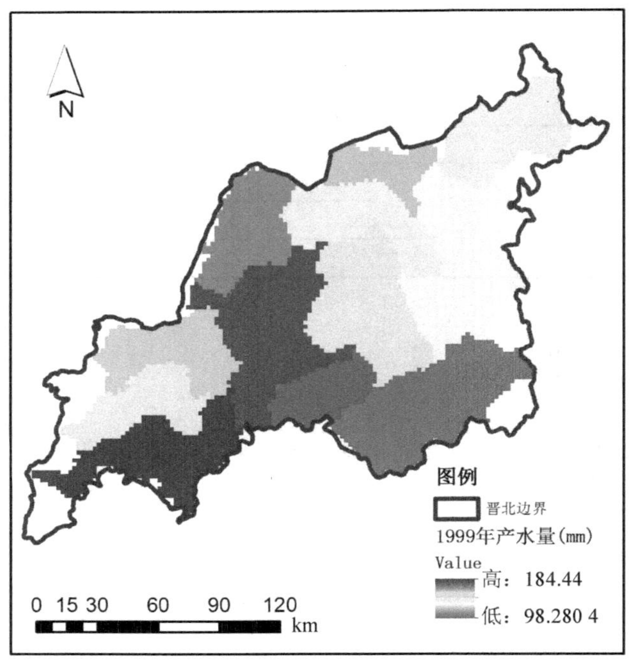

图 4-2 晋北地区 1999 年产水服务分布图

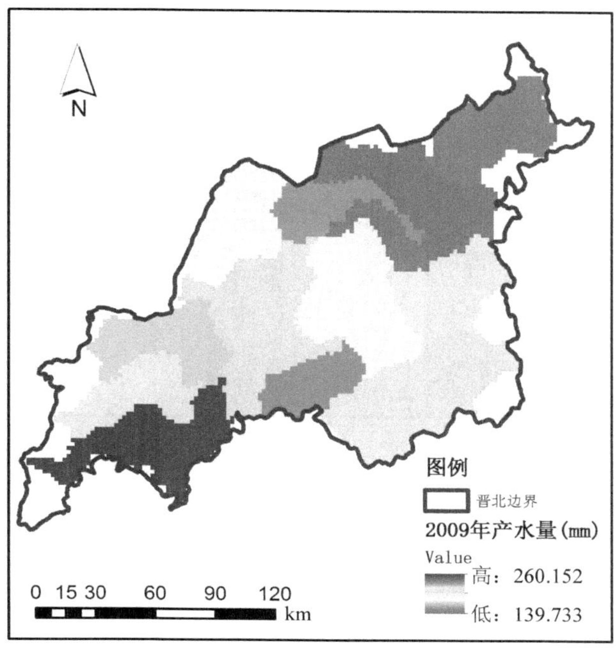

图 4-3 晋北地区 2009 年产水服务分布图

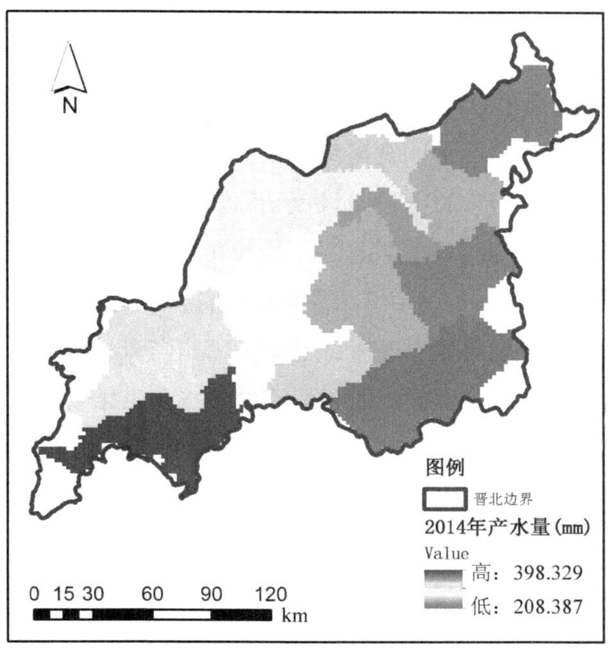

图 4-4 晋北地区 2014 年产水服务分布图

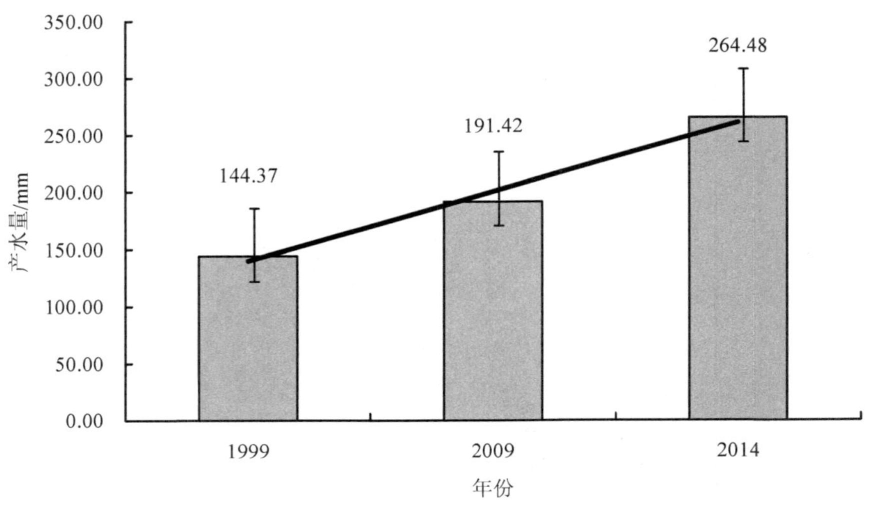

图 4-5 晋北地区 1999—2014 年产水总量变化

从图 4-2～图 4-5 可以看出，1999 年晋北地区的产水量在 98.28～184.44 mm，其中产水量的最低值分布在代县和繁峙县的滹沱河流域，新荣区的淤泥河流域和偏关县的偏关河流域的产水量也相对较低；而最高值分布在五寨县、神池县和保德县的朱家川河流域，平鲁区、朔城区、山阴县和右玉县的大沙河流域；右玉县和平鲁区的苍头河流域及流经朔城区、山阴县的恢河流域产水量次之。2009 年，晋北地区的产水量范围为 139.73～260.15 mm，产水量最高值分布在五寨县、神池县和保德县的朱家川流域，繁峙县和代县滹沱河流域，朔城区、山阴县的恢河流域及平鲁区、朔城区和山阴县的大沙河流域也相对较高；其最低值主要分布在大同市天镇县和阳高县的南洋河，大同县的御河，新荣区的淤泥河和南郊区的口泉河等流域，浑源县的浑河、偏关县偏关河、右玉县的苍头河等流域的产水量也相对较低。2014 年，晋北地区的产水量范围为 208.39～398.33 mm，最高值依然分布在五寨县、神池县和保德县的朱家川河流域，而河曲县、神池县、偏关县的县河流域也相对较高，右玉县的苍头河流域产水量也比较高，最低值分布在代县和繁峙县的滹沱河流域，浑源县的御河以及最北部的天镇县和阳高县的南洋河也相对较低。并且 1999 年、2009 年和 2014 年的产水量最高值明显变大，研究区整体产水量有增加的趋势。

通过运用 GIS 相关计算得出，晋北地区 1999 年平均产水量是 144.37 mm，2009 年年均产水量 191.42 mm，到 2014 年平均产水量达到 264.48 mm。整体上来看，前 10 年平均增加产水量 47.05 mm，而后 5 年中平均增加产水量高达 73.06 mm。晋北地区的产水量呈现逐渐增加的趋势，产水服务增强。

4.1.4　产水服务变化空间格局

通过运用栅格计算器对晋北地区的产水量进行时空动态分析得到 1999—2009 年、2009—2014 年和 1999—2014 年三个阶段的时空动态变化图。从图 4-8 可以看出，1999—2009 年晋北地区产水量整体增加，增加量范围是 6.29～113.583 mm，产水量增加程度由北向南逐渐加剧，其中以繁峙县和代县的滹沱河流域增加尤为显著，忻州市保德县、五寨县和神池县的朱家川河，阳高县、偏关县和神池县的县河，偏关县的偏关河流域及流经朔州市朔城区和山阴县的恢河，平鲁区、朔城区和山阴县的大沙河，怀仁县和应县的黄水河流域次之，而大同市的南洋河、御河、淤泥河、十里河和口泉河等流域产水量增加不明显。2009—2014 年产水量增加量范围为−3.48～138.18 mm，其中繁峙县和代县的滹沱河流域产水服务下降，其他地区的产水服务增强，其中以研究区的北部（大同县、南郊区、新荣区、左云县和右玉县的大部分地区）和西南部（神池县、五寨县和保德县的部分地区）各流域的产水量增加变化大且较为明显。

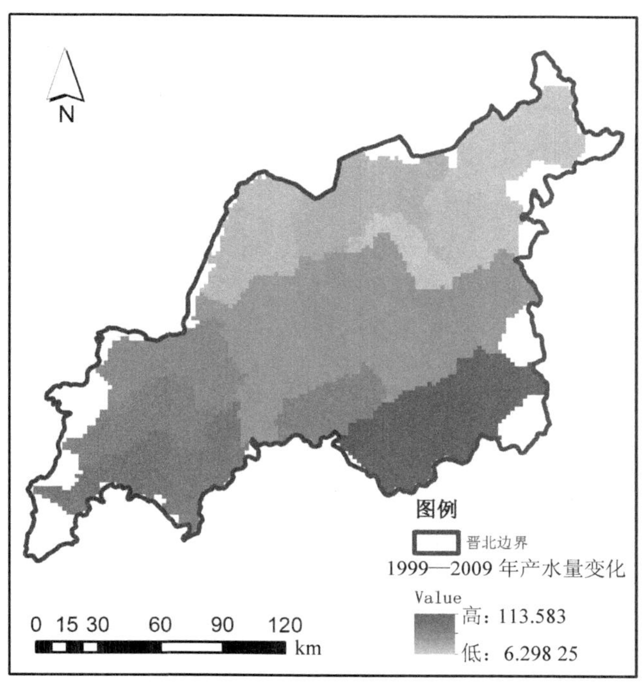

图 4-6　晋北地区产水服务时空动态变化分布（1999—2009 年）

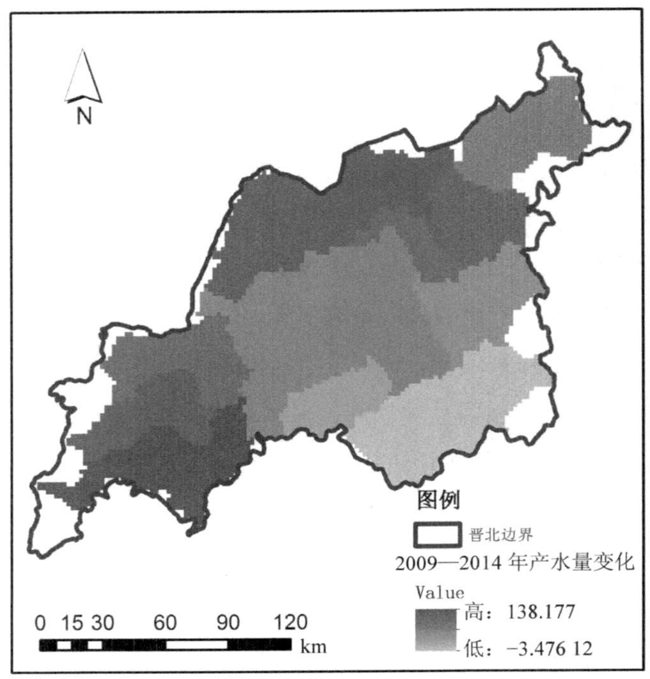

图 4-7 晋北地区产水服务时空动态变化分布（2009—2014 年）

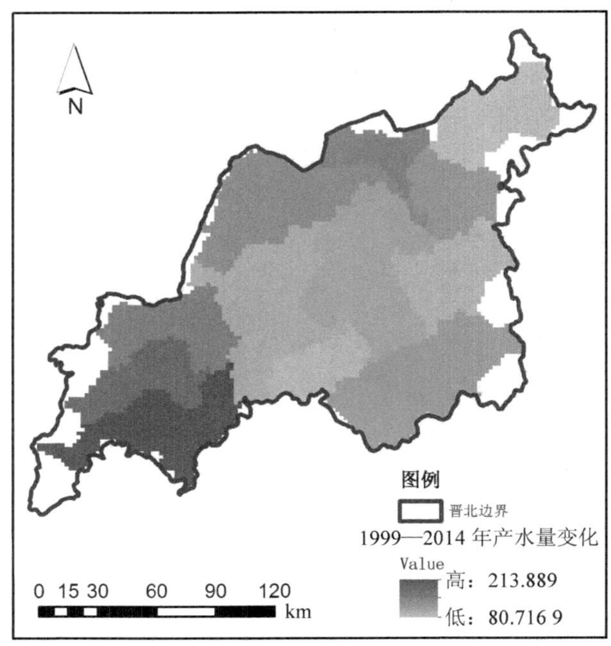

图 4-8 晋北地区产水服务时空动态变化分布（1999—2014 年）

总体来看，1999—2014 年，研究区的产水量整体是增加的，其变化范围是 80～213.89 mm，其中在忻州市偏关县的偏关河、河曲县的县河、偏关县和五寨县及神池县的朱家川河流域增加幅度较大，右玉县的苍头河、左云县的十里河、新荣区的淤泥河、大同县的御河、繁峙县和代县的滹沱河次之，其余各流域增加幅度相对较小。从研究结果可得出，研究区的产水服务逐渐增强。

4.2 晋北地区土壤保持量时空变化特征研究

晋北地区沙质化与水土流失情况极为严重，许多学者对该区域的沙化原因、气候特征、土地利用变化等进行了深入研究，如薛占金等（2011）分析了晋北地区的环境特征及土地沙化的成因机制，徐小明等（2016）采用典范对应分析方法定量分析了晋北地区 1986—2010 年土地利用/覆被变化的自然与人为驱动特征，张莉秋等（2016）研究了晋北地区近 30 年的气候变化特征，李晋昌等（2016）对晋北地区的起沙风风况及输沙势的时空变化进行了分析，并评价了该地区的沙化程度。但目前尚未见对该地区水土流失和土壤保持服务方面的研究报道。因此，本研究以土壤保持量为评估指标，选取 1999 年、2009 年和 2014 年三个时间点来研究晋北地区 20 个县的土壤保持量在 2000 年（京津风沙源治理工程）前后的时空分布特征及其变化趋势，同时，结合研究区的 NDVI 指数和 DEM 数据，分析不同植被覆盖度和海拔分级下的土壤保持量的变化及其相关性，以此作为评估晋北地区水土保持生态系统服务功能的重要科学依据，进而用于评价研究区开展的一系列生态工程的实际效益，为区域进一步开展土地利用、生态规划、生态恢复等工程提供理论依据，这对于保障整个地区的社会经济可持续发展具有重要意义。

4.2.1 数据来源及处理

本研究的基础数据包括晋北地区的 1999 年、2009 年和 2014 年共 3 个年份的 TM 影像（数据来源于地理空间数据云），对影像进行几何校正、拼接、图像镶嵌处理等，具体土地利用/覆被来自于第 2 章的研究结果；行政区县界；将获得的晋北地区的 DEM 数据在 ArcGIS 中分析得到坡度、坡向及流向分布等；寒区旱区科学数据中心的《基于世界土壤数据库（HWSD）的中国土壤数据集（v1.1）》资料；研究区内 10 个水文站点的 3 个年份（1999 年、2009 年和 2014 年）的降水数据，包括每月降雨量、年降雨量（数据来源于中国气象数据共享平台）；本研究所采用的 NDVI 数据为 1999 年、2009 年和 2014 年的中分辨率成像光谱仪（MODIS）逐月 1km NDVI 产品数据，MODIS 数据由美国航天局 LAADS 下载。本研究对获取到的 NDVI 数据进行了处理，主要过程包括重投影、裁剪、标准化等。

4.2.2 研究方法

4.2.2.1 土壤保持量估算模型

本研究基于修正后的土壤侵蚀模型 RUSLE（Revised Universal Soil Loss Equation）来估算晋北地区的土壤保持量。研究区的土壤保持量计算公式如下：

$$A = R \times K \times \mathrm{LS} \times (1 - C \times P) \tag{4-9}$$

式中：A —— 单位面积减少的土壤侵蚀量，即潜在土壤侵蚀量与实际土壤侵蚀量的差值，也称土壤保持量，t/（hm^2·a）；

R —— 降雨径流侵蚀力因子，MJ·mm/（hm^2·h·a）；

K —— 土壤可蚀性因子，t·hm^2·h/（hm^2·MJ·mm）；

LS —— 坡长坡度因子；

C —— 植被覆盖因子；

P —— 水土保持措施因子。

其中 L、S、C、P 无量纲。在 GIS 中分别对各因子进行栅格运算，最后运算得到研究区的土壤保持量。

（1）降雨侵蚀力因子 R

本研究的降雨侵蚀力因子是依据研究区内 10 个水文站点的 3 个年份的降水数据(包括每月降雨量、年降雨量)，采用 Wischmeier 等（1965）的经验公式，计算降雨侵蚀力因子 R 如下式：

$$R = \sum_{i=1}^{12} 1.735 \times 10^{\left[\left(1.5 \times \lg \frac{p_i^2}{p}\right)^{-0.8188}\right]} \tag{4-10}$$

式中：P —— 年均降水量，mm；

P_i —— 月平均降水量，mm。

计算出的 R 值单位为 MJ·mm/（hm^2·h·a）。

（2）土壤可蚀性因子 K

本研究的土壤可蚀性因子是依据寒区旱区科学数据中心的《基于世界土壤数据库（HWSD）的中国土壤数据集（v1.1）》提供的数据资料，采用 Williams 等（1984）在 EPIC 模型中提出的 K 值估算原理［见式（4-11）］计算，不同的土壤类型，其沙粒含量、粉砂含量、粒度、黏结度不同，保持土壤的能力也不同。

$$K=\left\{0.2+0.3\exp\left[-0.025\,6\,\mathrm{SAN}\times\frac{(1-\mathrm{SIL})}{100}\right]\right\}\left(\frac{\mathrm{SIL}}{\mathrm{CLA}+\mathrm{SIL}}\right)^{0.3}\times \left[1.0-\frac{0.25C}{C+\exp(3.72-2.95C)}\right]\left[1.0-\frac{0.7\mathrm{SNI}}{\mathrm{SNI}+\exp(-5.51+22.9\mathrm{SNI})}\right]\times 0.131\,7 \tag{4-11}$$

式中：SAN —— 砂粒含量；

SIL —— 粉砂含量；

CLA —— 黏粒含量；

C —— 有机碳含量；

SNI=1−SAN/100。

（3）地貌地形因子 LS

地形地貌对土壤保持有着很大的影响，地貌地形因子分为坡长因子（L）和坡度因子（S），在方程中当作一个变量根据 McCool 等（1989）的坡长因子与坡度因子的计算公式［见式（4-12）］来计算。

$$\mathrm{LS}=(l/22.13)^{m}\times(65.41\sin^{2}s+4.56\sin s+0.065) \tag{4-12}$$

式中：LS —— 地形因子；

l —— 坡长，m，由 l=(Flow direction)$^{0.5}$×100 得出；

s —— 坡度，随坡度 slope 变化的变量，由 s=slope×3.141 592 6/180 进行计算；

m —— 坡度指数，则进行分段计算。

当 slope≥27.5°时，m=0.35；当 22.5°≤slope＜27.5°时，$m=0.3$；当 17.5°≤slope＜22.5 时，$m=0.25$；当 12.5°≤slope＜17.5°时，$m=0.2$；当 7.5°≤slope＜12.5°时，$m=0.15$；当 slope＜7.5°时，$m=0.1$。

（4）植被覆盖因子 C

植被是影响土壤侵蚀最敏感的因子，植被覆盖因子与植被覆盖度有直接的关系，无量纲，其数值在 0～1。植被覆盖度越低，C 值就越大，反之植被覆盖度越高，C 值就越小。本研究的植被覆盖因子 C 值是根据研究区 1999 年、2009 年和 2014 年影像解译的结果，采用蔡崇法等（2000）的 C 值计算公式，得到各年 C 因子［见式（4-13）］栅格图层。

$$C=\begin{cases}1 & f=0\\ 0.650\,8-0.343\,6\lg f \rightarrow & 0<f\leqslant 78.3\%\\ 0 & f>78.3\%\end{cases} \tag{4-13}$$

式中：f—— 植被覆盖度，由 NDVI 数据计算得到。

（5）水土保持措施因子 P

水土保持措施因子作为影响土壤保持的重要因子，表征了水土保持措施对土壤保持的作用。本研究中水土保持措施因子依据晋北的土地利用类型，参照相关学者的研究结果进行了赋值（怡凯等，2015；李天宏，郑丽娜，2012）（见表 4-2），最后计算得到水土保持因子的栅格图层。

表 4-2 晋北地区各土地利用类型的 P 值

土地利用类型	耕地	林地	草地	建设用地	水体	裸地	盐碱地
P 值	0.8	0.9	1	0	0	1	1

4.2.2.2 相关性分析方法

全局空间自相关通常采用 Moran's I 指数来反映空间相邻区域单元的相似性程度。Moran's I 指数的正负性分别对应聚类模式、离散模式和随机模式，参照邹金浪等（2011）的计算方法。

Pearson 相关系数通过计算相关系数 r，来描述两变量之间线性相关程度的强弱。

4.2.3 晋北地区土壤保持量时空分布特征

从时间变化上来看（见表 4-3），研究区 1999 年、2009 年和 2014 年的年均土壤保持量分别是 109.13 t/（hm^2·a）、134.78 t/（hm^2·a）和 114.82 t/（hm^2·a），总土壤保持量分别为 282.97×10^6t、349.44×10^6t 和 297.66×10^6t，说明研究区土壤保持量呈现先增加后减少的趋势，但在整体上来看，土壤保持量是增加的。1999—2009 年，研究区 80%的土壤保持量变化范围集中在−20～20 t/（hm^2·a），平均值为 20 t/（hm^2·a）；2009—2014 年，研究区 80%的土壤保持量变化范围仍为−20～20 t/（hm^2·a），但平均值为−25 t/（hm^2·a）。土壤保持量的时间变化受降雨侵蚀力、植被覆盖等因子影响较大，从降雨量来看，研究区降雨量的年际变化较大（张莉秋等，2016），2009 年的降雨侵蚀力小于 1999 年和 2014 年，从植被覆盖来看，研究区 2000—2012 年 89.57% 的区域植被活动在增强，植被覆盖度年增加率为 14.61%（朱世忠，2014）。

表 4-3 晋北地区土壤保持量估算结果

平均单位面积土壤保持量/[t/（hm^2·a）]			总土壤保持量/10^6t		
1999 年	2009 年	2014 年	1999 年	2009 年	2014 年
109.13	134.78	114.82	282.97	349.44	297.66

从空间分布来看（图 4-9～图 4-11），研究区的土壤保持量分布有明显的地域规律性。虽然不同年份的土壤保持量在空间分布上有一定的差异，土壤保持量的最大值也存在较大差异，但是整体分布是一致的。土壤保持量相对高的区域呈现条带状，主要位于研究区东南部的繁峙县和代县以及研究区西南部的偏关县、河曲县和保德县；土壤保持量相对低的区域主要位于研究区中部的大同县、怀仁县和山阴县。由于不同年份的土壤保持量整体的空间分布是一致的，本章以 2014 年的土壤保持量进行空间自相关分析，进一步揭示研究区土壤保持量的空间分布特征，土壤保持量的全局 Moran's I 指数为 0.603 2，在 0.01 水平上显著，这表明研究区的土壤保持量在空间上呈聚集分布模式。土壤保持量的空间分布受地形地貌、土壤、水土保持措施等因子影响较大，研究区土壤的特性以及空间分布等因素在一定程度上决定了土壤保持量，研究区最易发生侵蚀的土壤类型为风沙土和黄绵土，主要分布在研究区西部，广泛分布在研究区中部的栗钙土也是较易发生侵蚀的土壤类型。研究区的东南部和西南部主要地形为山地，坡度和坡长较大，容易发生水土流失。

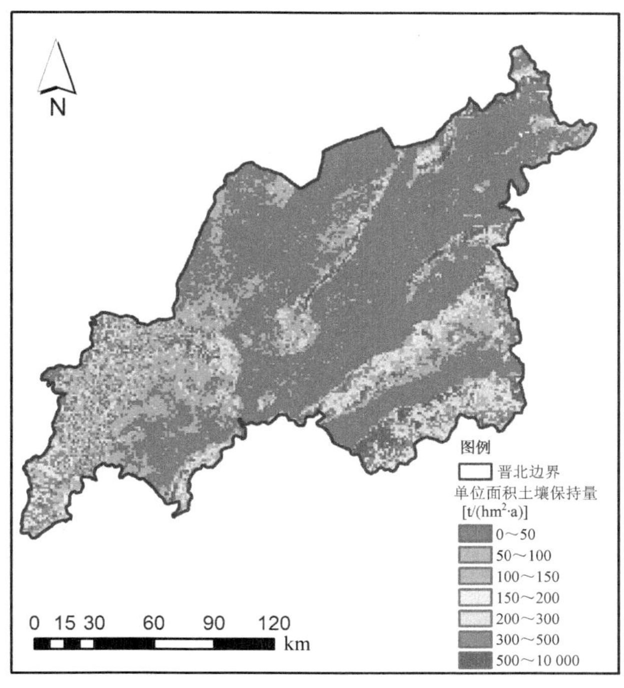

图 4-9 晋北地区 1999 年土壤保持量分布

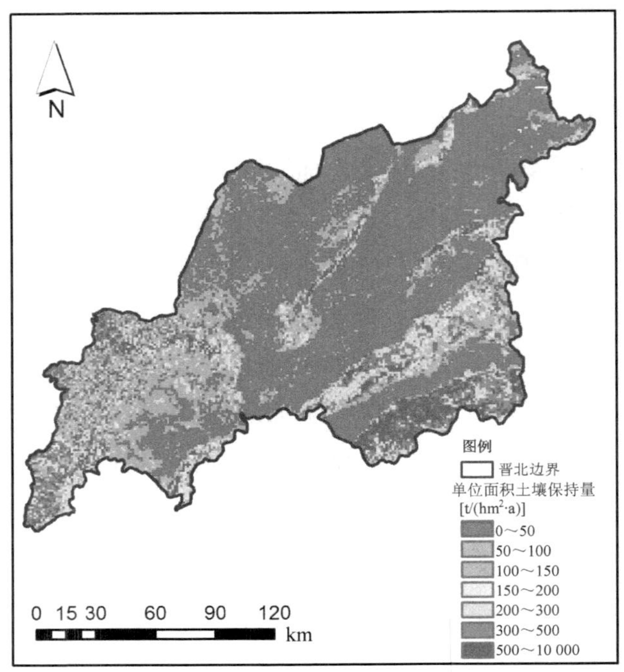

图 4-10 晋北地区 2009 年土壤保持量分布

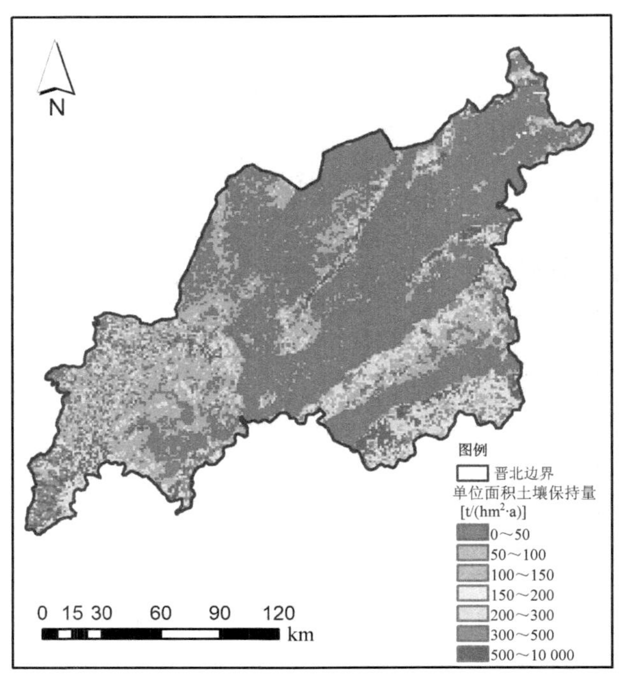

图 4-11 晋北地区 2014 年土壤保持量分布

4.2.4 不同植被覆盖度下的晋北地区土壤保持量

采用 NDVI 指数来反映植被覆盖度的大小，参照国际通用办法并结合相关学者的研究成果（李慧静，2008；朱世忠，2014），将 NDVI 栅格图像按照＜0.1、0.1～0.15、0.15～0.3、0.3～0.45、0.45～0.6、＞0.6 划分为六级，计算晋北地区各 NDVI 等级下面积及百分比（见表 4-4）、各 NDVI 等级下晋北地区土壤保持量（见表 4-5），并对土壤保持量与 NDVI 指数的相关性进行检验（见表 4-6）。

表 4-4 晋北地区各 NDVI 等级下区域面积及百分比

NDVI 范围		1999 年		2009 年		2014 年	
		面积/km^2	百分比/%	面积/km^2	百分比/%	面积/km^2	百分比/%
＜0.1	裸地	22.00	0.09	12.00	0.05	8.00	0.03
0.1～0.15	稀疏植被	73.00	0.28	179.00	0.69	105.00	0.41
0.15～0.3	较少植被	19 077.00	73.76	18 849.00	72.88	14 965.00	57.87
0.3～0.45	适中植被	5 567.00	21.52	6 131.00	23.71	9 986.00	38.61
0.45～0.6	茂密植被	1 116.00	4.32	684.00	2.64	792.00	3.06
＞0.6	很密植被	8.00	0.03	7.00	0.03	5.00	0.02

由表 4-4 可知，晋北地区 95%以上区域的 NDVI 指数在 0.15～0.3、0.3～0.45 之间，可以看出晋北地区总体的植被覆盖度不高；但是在研究时间 1999 年、2009 年和 2014 年，NDVI 指数在 0.3～0.45 范围的区域面积的百分比在上升，这表明研究区的植被覆盖状况在好转，在该区开展的防沙治沙工程增加了当地的植被覆盖度。

此外，本研究同时计算了 1999—2014 年晋北地区 NDVI 的年平均值及 1999 年、2009 年、2014 年晋北地区 NDVI 的年最大值，其空间分布如图 4-12 所示，可反映研究区近年来植被覆盖的空间分布特征。从图中可以看出，研究区 NDVI 的年平均值的空间差异相对较大。总体来看，晋北地区植被覆盖从西北向东南递增。其中植被覆盖较高的区域主要集中应县、浑源县、代县和繁峙县的部分区域。植被覆盖较低的区域集中在大同市的南郊区和朔州市平鲁区的部分区域。从整体的分布情况来看，研究区年 NDVI 的值主要分布在 0.15～0.3，表明晋北地区的植被覆盖总体偏低。根据 NDVI 分级（见表 4-4）可知，晋北地区较少植被的分布面积最大，约占整个研究区的 69.93%。其次是适中植被，约占 27.42%。茂密植被、稀疏植被和很密植被的百分比分别为 3.12%、0.06%和 0.04%。这表明研究区的稀疏植被面积已较小，同时茂密植被和很密植被的比例也较小。因此，京津风沙源治理工程在该区需继续实施，才能保证植被恢复到预期的效果。

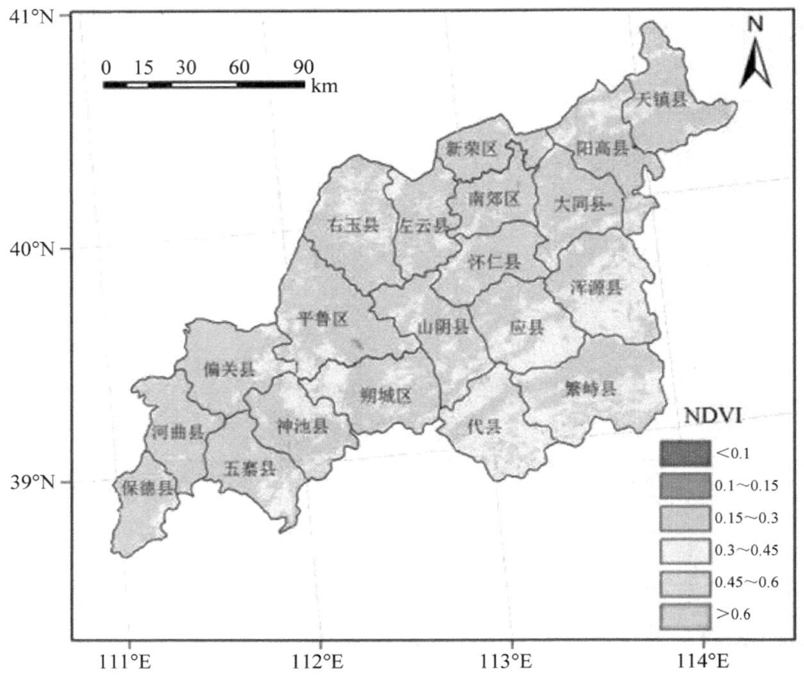

图 4-12a 1999—2014 年晋北地区 NDVI 年平均值空间分布

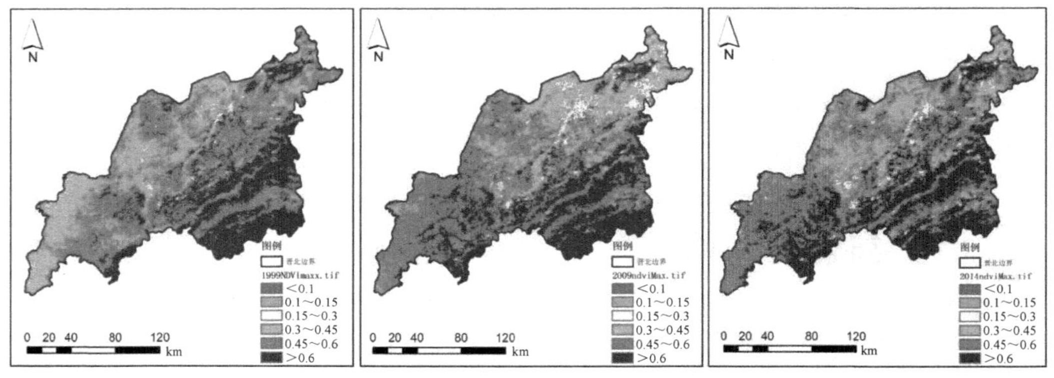

图 4-12b 1999 年、2009 年、2014 年晋北地区 NDVI 年最大值空间分布

进一步分析各 NDVI 等级下晋北地区土壤保持量（见表 4-5），在研究时间 1999 年、2009 年和 2014 年，NDVI 指数在 0.15～0.45 的土壤保持量均占总土壤保持量的 85%以上，且变化最为明显。0.15～0.3 这一等级的土壤保持量逐渐减少，NDVI 指数在 0.3～0.45 的土壤保持量逐渐增加；0.1 以下和 0.6 以上这两个 NDVI 等级的土壤保持总量变化最为不明显，且这两个等级下的区域对土壤保持量的贡献最少。从土壤保持量与 NDVI

的相关性来看（见表 4-6），单位面积土壤保持量与 NDVI 指数显著正相关（$P<0.05$），即随着 NDVI 指数的增大，单位面积土壤保持量增大；在 1999 年、2009 年和 2014 年这三个时间节点的单位面积土壤保持量与 NDVI 均表现出这种正相关，变化规律一致。

表 4-5　各 NDVI 等级下晋北地区土壤保持量

NDVI 范围	1999 年			2009 年			2014 年		
	单位面积土壤保持量/[t/（hm^2·a）]	总土壤保持量/10^6t	百分比/%	单位面积土壤保持量/[t/（hm^2·a）]	总土壤保持量/10^6t	百分比/%	单位面积土壤保持量/[t/（hm^2·a）]	总土壤保持量/10^6t	百分比/%
<0.1	44.41	0.10	0.03	34.19	0.04	0.01	18.83	0.02	0.01
0.1～0.15	115.39	0.84	0.30	49.65	0.89	0.26	74.26	0.78	0.26
0.15～0.3	73.77	140.73	50.02	83.41	157.22	45.21	83.36	124.74	42.20
0.3～0.45	175.07	97.46	34.65	252.46	154.78	44.51	141.04	140.84	47.64
0.45～0.6	376.54	42.02	14.94	506.11	34.62	9.95	367.25	29.09	9.84
>0.6	212.98	0.17	0.06	313.66	0.22	0.06	278.48	0.14	0.05
总土壤保持量/10^6t		281.30	100.0	—	347.77	100.0	—	295.61	100.0

表 4-6　土壤保持量与 NDVI 指数的相关性检验

	1999 年土壤保持量	2009 年土壤保持量	2014 年土壤保持量
Pearson 相关性	0.815*	0.900*	0.917*
显著性（双侧）	0.048	0.014	0.010

*$P<0.05$。

4.2.5　不同海拔高度下的晋北地区土壤保持量

晋北地区地势起伏变化大，海拔高度范围为 698～3 092 m，且研究区内地形以山地为主，本研究为进一步探讨不同高程下土壤保持量的分布及变化特征，结合研究区实际情况，将研究区 DEM 高程按照 500～1 000 m、1 000～1 500 m、1 500～2 000 m、2 000 m 以上分为四级（图 4-13），并计算各高程等级下的土壤保持量，结果见表 4-7。对土壤保持量与高程进行相关性检验，结果见表 4-8。

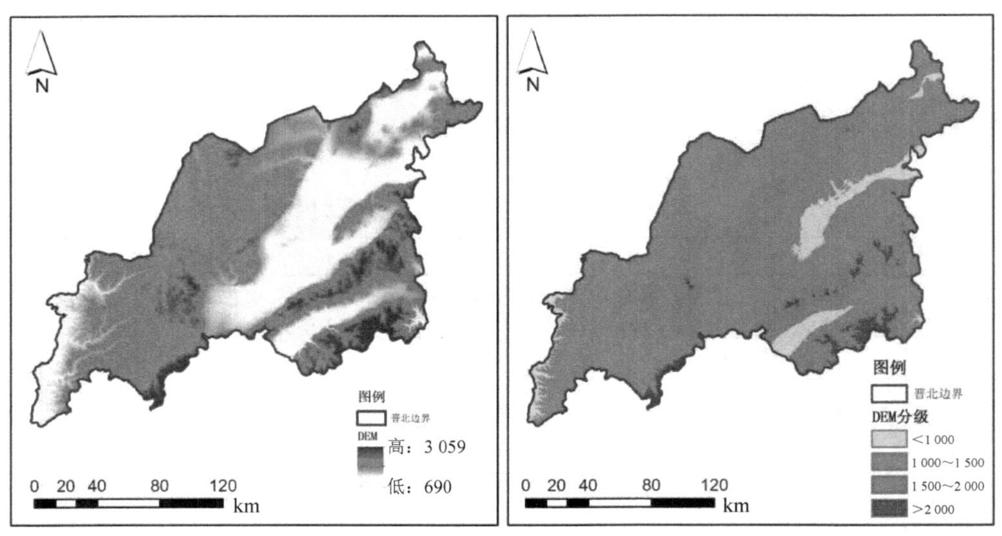

图 4-13 研究区高程分布

表 4-7 不同高程下的晋北地区土壤保持量

高程范围	1999 年			2009 年			2014 年		
	单位面积土壤保持量/[t/（hm^2·a）]	保持总量/10^6t	百分比/%	单位面积土壤保持量/[t/（hm^2·a）]	保持总量/10^6t	百分比/%	单位土壤面积保持量/[t/（hm^2·a）]	保持总量/10^6t	百分比/%
500～1 000	57.24	9.85	3.67	73.70	12.68	3.83	71.48	12.30	4.35
1 000～1 500	83.43	136.01	50.60	99.83	162.75	49.10	90.62	147.74	52.27
1 500～2 000	177.01	110.30	41.03	216.86	135.12	40.76	172.42	107.40	37.99
>2 000	236.92	12.63	4.70	392.67	20.93	6.31	285.94	15.24	5.39

表 4-8 土壤保持量与高程的相关性检验

	土壤保持量 1999 年	土壤保持量 2009 年	土壤保持量 2014 年
Pearson 相关性	0.981*	0.954*	0.959*
显著性（双侧）	0.019	0.046	0.041

*$P<0.05$。

由表 4-7 可知，在研究时期 1999 年、2009 年和 2014 年，500～1 000 m 高程区域的土壤保持总量占总土壤保持量的百分比分别为 3.67%、3.83%、4.35%，在研究时间内均处于各高程等级中的最低水平；1 000～1 500 m 高程区域的土壤保持总量占总土壤保持量的百分比分别为 50.60%、49.10%、52.26%，在研究时间内其对土壤保持量的贡献最大；1 500～2 000 m 高程，其对土壤保持量的贡献仅次于 1 000～1 500 m 高程等级的贡献，这两等级的土壤保持量的总贡献在研究时间内均占总土壤保持量的 90%左右；相比于其他高程等级，2 000 m 以上高程区域的平均单位面积土壤保持量值最大，但土壤保持总量与 500～1 000 m 高程的土壤保持总量相近。总的来说，1999 年、2009 年和 2014 年各高程的土壤保持总量变化不大，均是 1 000～1 500 m 高程区域的土壤保持总量所占总土壤保持量百分比最大，均为 50%左右；随着高程的增加，土壤保持量呈增加趋势。由相关性检验结果（见表 4-8）可知，在 0.05 水平下，单位面积土壤保持量与高程显著正相关，即随着海拔高度的增加单位面积土壤保持量增加。这与当地特殊的地形、气候、土壤和植被类型有关，加上各种人类活动的长期干扰导致这一结果。海拔较高的地区主要分布在研究区的东西部，这些地区地形以山地和丘陵为主，坡度坡长因子较大，而且分布有容易发生侵蚀的土壤类型，在研究时期内，又遭到较大的降雨侵蚀，所以呈现出这一趋势。

4.3 晋北地区 NPP 服务的研究

4.3.1 数据来源

收集 NDVI 数据的产品，包括 1999 年、2009 年、2014 年中各个月份的 NDVI 影像，空间分辨率为 1 km（数据来源于 http：//reverb.echo.nasa.gov/reverb/），然后经过拼接裁剪处理和栅格计算，得到研究区的 NDVI 月数据。

4.3.2 研究方法

NDVI（归一化植被指数，Normal Difference Vegetable Index）一般用来表示植被吸收的光合有效辐射的比例，能很好地反映植被的生产力和植被的生长情况和健康状况，也反映气候、环境条件等受生态系统变化的影响程度。

郑元润和周广胜（2000）通过建立 NDVI 与 NPP 之间的模型来模拟森林植被的 NPP，Su 等（2012）基于该方法，通过对延河流域实测数据对模型进行校准，构建了如下的模型［见式（4-14）］：

$$\mathrm{NPP} = -0.2131 - 22.355 \times \ln(1 - \mathrm{NDVI}) \tag{4-14}$$

该模型与二调数据的趋势很好地吻合，通过双侧检验，在 0.05 置信水平上是显著相关的，并且 Pearson 相关系数是 0.625。

晋北地区与延河流域同属黄土高原北部区，自然条件相似，因此本研究基于 Su 等（2012）的方法进行 NPP 的计算。选取 1999 年、2009 年和 2014 年的 NDVI 数据，经过空间分析的像元统计工具（Spatial Analyst Tools-Local-Cell statistics），采用通用的最大合成法，求得 NVDI 的最大值即为年值，并且用栅格计算器（Raster Calculator）选取 NDVI 大于 0 的值，运用式（4-14）进行运算。

4.3.3 NPP 服务时空动态

从图 4-14 可以看出，1999 年在研究区的西部边缘和北部区域的 NPP 较低，而繁峙县、代县、应县和浑源县的 NPP 较高；2009 年晋北地区的 NPP 较低的区域分布在研究区的东北部，南部的 NPP 相对较高；2014 年晋北地区 NPP 低的地区零星分布在研究区的中部，而南部的整体较高。

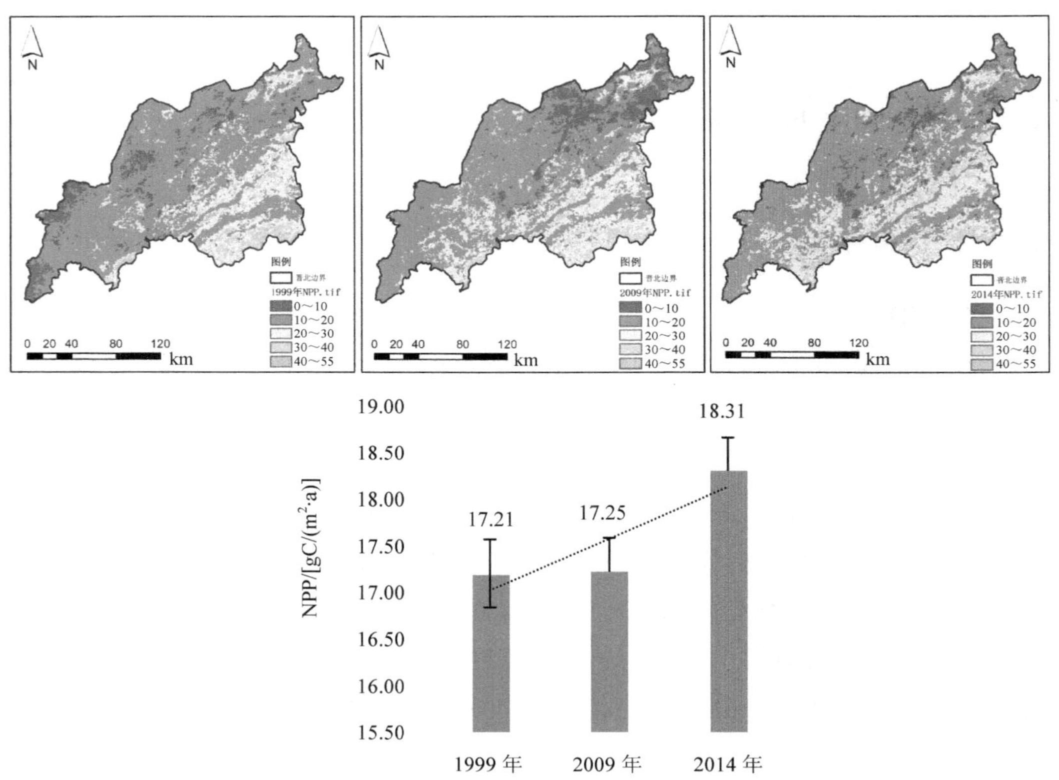

图 4-14 晋北地区 NPP 服务时空分布图

通过 GIS 分析得出，研究区 1999 年、2009 年和 2014 年的 NPP 平均值分别为 17.214 gC/（m²·a）、17.245 gC/（m²·a）、18.305 gC/（m²·a），从整体上来看，研究区的 NPP 在不断增加且研究区的 NPP 总是北部较高而南部较低。从时间上来看，1999—2009 年的 NPP 虽然有少量增加，但是研究区 NPP 数量上基本没有太大变化，自 2009 年以来，研究区的植被净初级生产力显著增加，NPP 服务也显著升高，2009—2014 年变化较大，说明近几年来晋北地区的植被净初级生产服务逐渐升高。

结合年均 NPP 的时间变化柱状图来看，研究区整体上 1999—2009 年 NPP 的变化主要是空间上的动态变化，而 2009—2014 年的空间变化不显著，但数量明显增加。晋北地区南部 NPP 整体较高，而在忻州的偏关县和保德县，大同的天镇县、阳高县、新荣区、南郊区以及朔州的平鲁区等部分区域存在 NPP 较低的现象。

4.3.4 NPP 服务变化空间格局

通过运用相应的 GIS 栅格运算方法，我们能够了解研究区 NPP 时空动态变化规律。从图 4-15 可以看出，1999—2009 年 NPP 空间变化明显，研究区西部增加东部减少，以大同市减少较为明显而忻州市西部增加明显，其范围是−21.03～19.28 gC/（m²·a），而 2009—2014 年空间的变化范围是−19.89～20.51 gC/（m²·a），研究区的西北部和东南部都有减少，其他地区也有减少的区域，整体变化空间规律不明显。

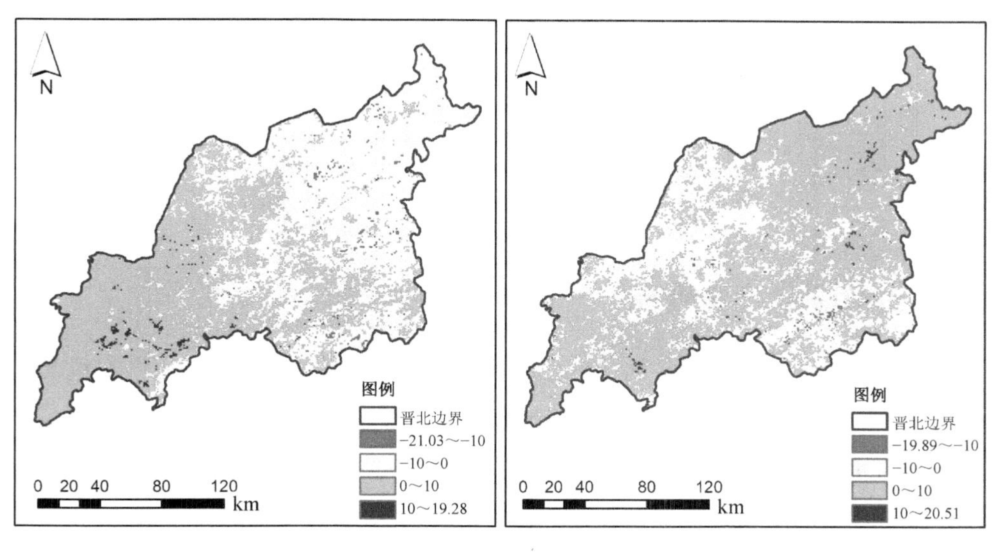

图 4-15 晋北地区 NPP 服务时空动态变化分布图（1999—2009 年、2009—2014 年）

从图 4-16 可以看出，研究时间段 1999—2014 年，晋北地区 NPP 生态系统服务降低的区域分布在研究区的东部和中部，其中在南郊区、浑源县、繁峙县、代县等县区存在 NPP 降低很明显的区域。忻州市的偏关县、河曲县、保德县、神池县和五寨县整体上升，其中以五寨县、河曲县和神池县增加较多。为了使晋北地区的生态环境得到改善，需要对该区的东部和中部，采取增加植树造林等措施，促进 NPP 增加。

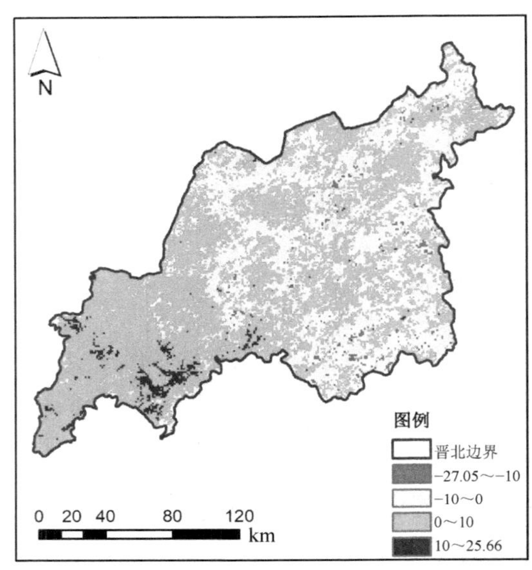

图 4-16 研究区 1999—2014 年 NPP 时空总体变化分布图

4.4 讨论

4.4.1 生态系统产水服务

目前对生态系统产水服务的研究还不多见，张灿强等（2012）运用产水量模块对西苕溪流域的产水量进行了预测，同时基于多年实测数据对模型参数进行了精确校正。此外，潘韬等（2013）基于 InVEST 模型定量估算了三江源区的水源供给量，并分析了不同时期产水量的时空变化特征及其成因。本章对晋北地区产水服务进行研究，可以为区域水资源管理和生态建设提供决策依据。研究结果显示研究区的西南部产水量增加幅度较大，适合集约化的灌溉农业生产；而研究区西北部和东南部区域产水量增长速度次之，适合一些需水较少的农业生产，如玉米、高粱等的种植及一些滴灌、地膜覆盖等节水农业方式。此外，产水服务的分析结果也为生态移民等生态保护政策的实施提供了理论依据，一般来说，产水量高的地方，其生态环境状况也相对较好，这些区域的生态承载力相应也高，也是进行生态移民异地安置的适合区域；而产水量少的区域则应该减少生态压力，进行生态保育。

整个晋北地区处于干旱区，年降雨量不足 300 mm，有必要在综合分析产水服务的基础上，集约化地利用有限的水资源，在产水量较高的区域，合理布局乔灌草的分布格局，千方百计增加当地水资源涵养能力。在水库的选点上，要选择那些产水量高的区域进行修建，如本研究的晋北地区的西南部、北部和东南部等区域。

研究区的地形、地质等因素对流域产水量可能会有很大影响，本研究缺少对特征参数ω进行区域化的校正处理。在今后的研究中，需基于特征流域的实测数据，对参数ω进行修正，从而提高产水量的模拟精度。此外，应结合水质等因子对研究区进行更深入的研究。

4.4.2 土壤保持服务

山西省位于黄土高原边缘，是我国水土流失最为严重、生态环境极为脆弱的省份之一，而晋北地区更是地处生态交错带（农牧交错带、农林交错带），兼备过渡带边缘效应和脆弱性的双重特点，气候由半湿润向半干旱过渡、植被由林灌向典型草原过渡、土壤由栗钙土向灰褐土过渡，土地沙化和水土流失现象十分严重。研究区降雨量波动范围较大，时空分布不均匀（张莉秋等，2016），降雨会对土壤产生冲刷作用，同时也可以通过影响土壤水分含量进而影响植物的生长状况，这会在一定程度上导致土壤保持量的空间分异性；一般来说，坡度越大，坡长越长，土壤侵蚀越严重（Wang and Liu，1999），在不同的坡度下，植物的生长状况和保水保肥的能力存在差异；同时研究区域的长轴走向与生态流的方向都会对土壤保持量产生影响，当研究区域的长轴走向与生态流的方向相互垂直时，能最大限度地减弱土壤侵蚀量，这为修建梯田提供了理论依据。在开展水土保持治理工程时，要综合考虑各因素的影响，尤其应该考虑人类活动的影响。人类活动在极大程度上改变了土地的利用类型和植被覆盖情况（徐小明等，2016；朱世忠，2014），如城镇和工矿用地的增加，占用了很多草地和耕地；而退耕还林政策的有力实施也增加了植被覆盖度，改善了土壤流失状况。但研究区整体植被覆盖仍较低，69.93%的区域为较少植被区（朱世忠，2014），故应继续加强水土保持治理，循序渐进地开展土壤保持治理工程，使土地持续地造福人类。

4.4.3 NPP服务

植被净初级生产力NPP，指植被在净初级生产过程中，单位时间和面积所累积的有机物质的总量，NPP是指示生态系统自身健康和生态平衡的重要标志。对于植被净初级生产力的研究，国内外很多，并且在不断发展中。国外在20世纪末进行了大量的研究，NPP计算的方法包括如Miami模型、Thornthwaite纪念模型、Chikugo模型等（1993）。国内周广胜等（1995）在20世纪末以及21世纪初已经开始了对NPP的研究，随后朴世龙、方精云等（2002）也对青藏高原地区的NPP进行了定量研究和时空变化研究，21世纪以来，朱文泉和潘耀忠等（2005，2006）不仅对NPP的研究进展进行了总结，还对全国陆地植被的净生产力以及中国典型地区的植被净生产力进行了研究，同时也着重于对植被光利用率的估算，之后对气候与NPP之间的关系进行了一系列的深入研究。

利用遥感技术对NPP进行估算已广泛使用，有的直接用植被指数与NPP的关系进行计算（郑元润，2000），不仅能够直接反映植被状况与植被净初级生产力的关系，而且对于相应区域的模拟精度较高；而基于全球动态平衡理论的光能利用率模型也是NPP估算的一种有效手段（朱文泉，2006），对区域尺度NPP的估算提供了很大帮助。对于NPP的研究有助于促进晋北地区植被的合理可持续利用，更有助于解决沙化区的气候变化、生态环境改善等问题。

4.5 本章小结

本章分别利用InVEST模型、RUSLE方程和NPP计算公式对晋北地区的产水服务、土壤保持服务及NPP服务进行定量研究及分析，我们得出以下结论。

（1）研究区的产水服务是以流域为单元进行定量计算的，总体分布呈现出西部高东部偏低的趋势，其中保德县、五寨县和神池县的朱家川流域产水量较高且逐年增加。整体来看，1999—2009年平均产水增加量47.05 mm，而2009—2014年平均产水增加量高达73.06 mm，后五年的平均产水增加量比前十年的还要大，研究区的产水量增长速度发展较快，产水服务逐渐增强。从对晋北地区2009—2014年产水服务时空动态变化的研究结果来看，除了研究区东南部的繁峙县和代县的滹沱河流域在研究时间内有短期的降低之外，其他区域的产水服务逐渐增强，其中研究区的西南部和北部的产水服务增加较快。

（2）从研究区的时空动态变化总体来看，1999—2014年，研究区的产水量是增加的，其变化是80～213.89 mm，其中在研究区西部的偏关县的偏关河、河曲县的县河、五寨县和神池县的朱家川河流域增加幅度较大，其次是北部和东南部的部分流域也存在较大幅度的增长。

（3）对于产水量增加缓慢的地区，如研究区北部的天镇县和阳高县的南洋河以及中部的朔州市等各流域，我们应该有针对性地结合研究区实际和研究方法，改变措施和对策，尽可能地增加当地的产水量，提高产水服务，减少当地干旱状况的发生，避免沙化的加剧。

（4）从土壤保持量的时空分布来看，研究区 1999 年、2009 年和 2014 年的年均土壤保持量分别是 109.13 t/（hm^2·a）、134.78 t/（hm^2·a）和 114.82 t/（hm^2·a），从空间分布来看，在 1999 年、2009 年和 2014 年，研究区土壤保持量总体分布是一致的，且有明显的聚集性；研究区西部和东南部的土壤保持量较高，其他地区相对较低。

（5）从土壤保持量的变化来看，1999—2009 年土壤保持量呈增加趋势，平均值为 20 t/（hm^2·a），2009—2014 年土壤保持量呈降低趋势，平均值为−25 t/（hm^2·a），研究区 80%的区域土壤保持量变化范围集中在−20～20 t/（hm^2·a）。

（6）研究区单位面积土壤保持量与植被覆盖度呈显著正相关，NDVI 指数在 0.15～0.45 的土壤保持量均占总土壤保持量的 80%以上，且变化最为明显。0.15～0.3 这一等级的土壤保持量逐渐减少，NDVI 指数在 0.3～0.45 的土壤保持量逐渐增加。

（7）研究区单位面积土壤保持量与海拔高度显著正相关。1 000～1 500 m 区域的土壤保持总量占 3 个研究年份土壤保持总量的 50.60%，49.10%和 52.26%，在研究时期内其对土壤保持量的贡献最大；1 500～2 000 m 的区域其对土壤保持量的贡献仅次于 1 000～1 500 m 高程等级的贡献，这两个等级的土壤保持量的总贡献在研究时期内均占总土壤保持量的 90%左右。

（8）通过对晋北地区 NPP 服务的空间分析可知，研究区的 NPP 在西部和北部较小，而南部的一些区域的 NPP 相对较大。从整个研究时期来看，总体的 NPP 逐年增加。1999—2009 年研究区西部增加东部减少，而 2009—2014 年研究区大部分区域的 NPP 有所增加，但研究区西北和东南部有所减少。

本章参考文献

[1] Allen P J，Polizzi G，Krakow K，et al.. Identification of EEG events in the MR scanner：the problem of pulse artifact and a method for its subtraction. Neuroimage，1998，8（3）：229-239.

[2] Donohue R J，Roderick M L，Mcvicar T R. On the importance of including vegetation dynamics in Budyko's hydrological model. Hydrology & Earth System Sciences，2006，11（2）：983-995.

[3] Hamon W R. Estimating potential evapotranspiration.Massachusetts Institute of Technology，1960.

[4] McCool D K，Foster G R，Mutchler C K，et al.. Revised slope length factor for the universal soil loss equation.Transactions of the American Society of Agricultural Engineers，1989，32（5）：1571-1576.

[5] Milly P. C D. Climate，soil water storage，and the average annual water balance. Water Resources Research，1994，30（7）：2143-2156.

[6] Pandey J S，Devotta S. Assessment of environmental water demands（ewd） of forests for two distinct Indian ecosystems. Environmental Management，2006，37（1）：141-152.

[7] Potter N J，Zhang L，Milly P C D，et al.. Effects of rainfall seasonality and soil moisture capacity on mean annual water balance for Australian catchments. Water Resources Research，2005，41（6）：697.

[8] Su Changhong，Fu Bo jie，Wei Yong ping，et al.. Ecosystem management based on ecosystem services and human activities：a case study in the Yanhe watershed. Sustainability Science，2012，7（1）：17-32.

[9] Wang B Q，Liu G B. Effects of relief on soil nutrient losses in sloping fields in hilly region of Loess Plateau. Journal of Soil Erosion and Soil and Water Conservation，1999，5（2）：18-22.

[10] Williams J R，Jones C A，Dyke P T. Modeling approach to determining the relationship between erosion and soil productivity. Transactions of the American Society of Agricultural Engineers，1984，27（1）：129-144.

[11] Wolack D M，Mccabe G J. Simulated effects of climate change on mean annual runoff in the conterminous United States.1999.

[12] Zhang L，Dawes W R，Walker G R. Response of mean annual evapotranspiration to vegetation changes at catchment scale. Water Resources Research，2001，37（3）：701-708.

[13] 白杨，郑华，庄长伟，等. 白洋淀流域生态系统服务评估及其调控. 生态学报，2013，33（3）：711-717.

[14] 郭晓军，王道杰，庄建琦. SCS 模型在干热河谷区坡面产流模拟中的应用. 中国水土保持科学，2010，8（5）：14-18.

[15] 潘韬，吴绍洪，戴尔阜，等. 基于 InVEST 模型的三江源区生态系统水源供给服务时空变化. 应用生态学报，2013，24（1）：183-189.

[16] 朴世龙，方精云. 1982—1999 年青藏高原植被净第一性生产力及其时空变化.自然资源学报，2002，17（3）：373-380.

[17] 秦嘉励，杨万勤，张健. 岷江上游典型生态系统水源涵养量及价值评估. 应用与环境生物学报，2009，15（4）：453-458.

[18] 吴哲，陈歆，刘贝贝，等. 不同土地利用/覆盖类型下海南岛产水量空间分布模拟. 水资源保护，

2014（3）：9-13.

[19] 虞依娜，彭少麟. 生态系统服务价值评估的研究进展. 生态环境学报，2010，19（9）：2246-2252.

[20] 郑元润，周广胜. 基于 NDVI 的中国天然森林植被净第一性生产力模型. 植物生态学报，2000，24（1）：9-12.

[21] 周广胜，张新时. 自然植被净第一性生产力模型初探. 植物生态学报，1995，19（3）：193-200.

[22] 朱文泉，陈云浩，徐丹，等. 陆地植被净初级生产力计算模型研究进展. 生态学，2005，24（3）：296-300.

[23] 朱文泉，潘耀忠，何浩，等. 中国典型植被最大光利用率模拟. 科学通报，2006，51（6）：700-706.

基于 DPSIR 的晋北地区生态安全评价

随着经济的发展，人类活动给生态环境造成的压力越来越大，造成区域生态的不安全，而区域生态是否安全对区域的土地利用变化有着潜移默化的影响。晋北地区位于我国山西省北部，地处黄土高原农牧交错带，恶劣的生态环境严重制约了该地区社会经济的可持续发展，对该区的生态安全进行研究很有必要。

为了对晋北地区的过去、现在和未来的生态安全有一个较为清晰的认识，本章选取了 1986 年、1994 年、1999 年、2009 年、2014 年这几个时间点，运用 DPSIR 模型，收集了 20 个评价指标构建了该研究区生态安全评价指标体系，然后选取了主成分分析法来确定指标权重，进而对晋北地区过去和现状的生态安全进行了综合评价，了解晋北地区生态安全格局的变化和走势，以期为有关部门制定保障区域生态安全的政策提供科学依据。

5.1 数据来源及评价时段

本章的数据主要来源于山西省 1986—2014 年的政府统计数据，以及来自《山西五十年》(《山西五十年》编委会，1999）和 1986—2014 年的《山西统计年鉴》(山西统计局，1987—2015）等。评价时段为：1986 年、1994 年、1999 年、2009 年和 2014 年。

5.2 评价方法：DPSIR 模型

DPSIR 模型最早是由经济合作与发展组织（OECD）在 1993 年对 PSR 模型和 DSR 模型进行修订后提出的新模型（Singh et al.，2009)，因此，DPSIR 模型兼具了 PSR 模型和 DSR 模型的特点，目前已逐渐成为评价生态安全的常用方法。该模型将一个自然系统分成驱动力、压力、状态、影响和响应 5 个子系统，每个子系统又包括若干个指标，并通过各指标间的作用来反映它们之间的动力学特点：系统驱动力引起压力产生，压力迫使状态发生变化，状态的变化又对系统产生影响，这些影响使人类做出积极的响应。其中，驱动力指引起自生态环境变化的原因，压力指各驱动力对生态资源的需求，状态指生态环境在压力下所处的状况，影响指生态环境变化产生的结果，响应指人类在感知影响后采取的补救措施。该模型描述了人类活动与环境之间相互作用的各因子之间的关系，有利于生态安全的评价。

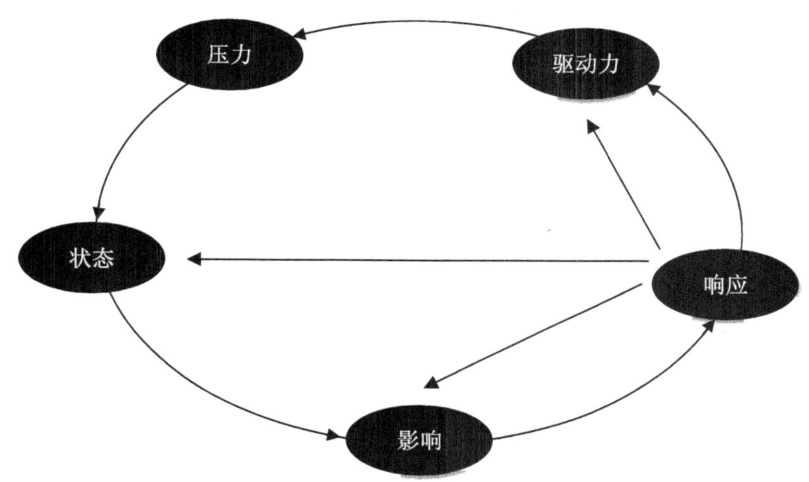

图 5-1　驱动力—压力—状态—影响—响应（DPSIR）概念模型

5.3　晋北地区生态安全评价

5.3.1　指标体系建立

采用经济合作与发展组织（OECD）提出的 DPSIR 模型，在参考相关文献的基础上，根据指标选取的科学性、完整性、可行性等原则，结合研究区实际情况，并考虑数据获取的难易程度，构建了晋北地区生态安全评价指标体系，共包括 20 个指标（见图 5-2）。

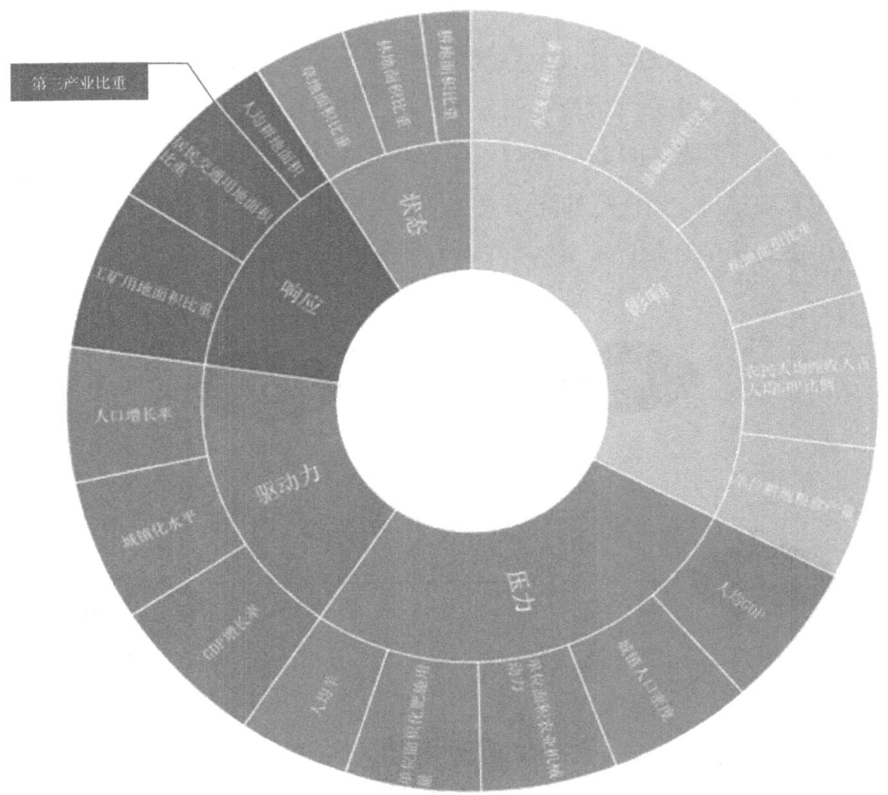

图 5-2 基于 DPSIR 的生态安全评价指标体系

5.3.2 数据标准化

各个评价指标的量纲不统一导致各指标原始数据之间没有可比性，因此，在指标权重确定之前必须对各个评价指标原始数据进行归一化处理，本研究采用极差标准化法，对原始数据进行线性变换，使结果落在[0，1]区间内（汪立欢，2011）。另外，考虑到各个评价指标对研究区生态安全的贡献有正向和负向之分，故将其分为正向指标和负向指标（卓凤莉，2012）（见表 5-2）。

设有 m 个对象，n 个指标，则根据各个指标原始数据得到初始矩阵 $X=(x_{ij})_{m\times n}$，i=1，2，…，m；j=1，2，…，n。

对于正向指标：
$$y_{ij}=\frac{x_{ij}-x_{\min}}{x_{\max}-x_{\min}} \tag{5-1}$$

对于负向指标：$y_{ij}=\dfrac{x_{\max}-x_{ij}}{x_{\max}-x_{\min}}$ （5-2）

式中：y_{ij} —— x_{ij} 的标准化值；

x_{ij} —— 第 i 个对象在第 j 个指标上的值；

$x_{\max}$ —— x_j 的最大值；

$x_{\min}$ —— x_j 的最小值。

具体计算结果如表 5-1 所示。

表 5-1 晋北地区生态安全评价指标标准化值

年份	x_1	x_2	x_3	x_4	x_5	x_6	x_7	x_8	x_9	x_{10}
1986	0.39	0.35	0.00	0.00	1.00	1.00	0.00	1.00	0.67	0.17
1994	0.73	0.39	0.09	0.01	0.84	0.76	0.24	0.51	0.67	0.00
1999	0.43	0.32	0.18	0.02	0.73	0.62	0.38	0.14	0.66	0.14
2009	0.28	0.51	0.58	0.10	0.35	0.32	0.68	0.02	0.80	0.35
2014	0.28	0.51	0.76	0.19	0.20	0.21	0.79	0.00	1.00	0.56

年份	x_{11}	x_{12}	x_{13}	x_{14}	x_{15}	x_{16}	x_{17}	x_{18}	x_{19}	x_{20}
1986	0.91	0.00	1.00	1.00	0.88	0.93	0.14	0.00	1.00	1.00
1994	1.00	0.24	0.96	0.75	0.80	0.78	1.00	0.04	0.97	0.99
1999	0.91	0.38	0.91	0.69	0.82	0.69	0.43	0.35	0.94	0.91
2009	0.80	0.68	0.36	0.59	0.69	0.67	0.00	0.65	0.69	0.76
2014	0.74	0.79	0.31	0.49	0.67	0.66	0.01	0.38	0.58	0.62

注：表中的 x_1～x_{20} 依次表示为人口增长率、GDP 增长率、城镇化水平、人均 GDP、城镇人口密度、单位面积化肥施用量、单位面积农业机械动力、人均羊、耕地面积比重、林地面积比重、草地面积比重、单位耕地粮食产量、农民人均纯收入占人均 GDP 比例、水域面积比重、盐碱地面积比重、裸地面积比重、人均耕地面积、第三产业比重、居民交通用地面积比重和工矿用地面积比重。

5.3.3 指标权重的确定

指标权重的确定有很多种方法，常用的有 AHP、PCA、熵权法等。层次分析法具有较强的主观性，每个专家对指标的认识差异极易造成结果的不客观，而主成分分析法是客观赋值法的一种，主要目的是从众多指标中提取出少数几个相关性较小的指标，即主成分，而这少数几个指标仍然能够很好地解释大部分的指标（彭文甫，2005）。为了生态安全评价的客观性，本研究利用主成分分析法来确定指标权重，具体包含以下步骤（任志清，2013）。

（1）原始数据的标准化

（2）计算相关系数矩阵 R

$$R=(r_{ij})_{m\times n}=\begin{bmatrix} r_{11} & r_{12} & \cdots & r_{1n} \\ r_{21} & r_{22} & \cdots & r_{2n} \\ \cdots & \cdots & \cdots & \cdots \\ r_{m1} & r_{m2} & \cdots & r_{mn} \end{bmatrix} \tag{5-3}$$

式中：r_{ij}——x_i 和 x_j 的相关系数，计算公式为：

$$r_{ij}=\frac{\sum_{k=1}^{m}(x_{ki}-x_i)(x_{kj}-x_j)}{\sqrt{\sum_{k=1}^{m}(x_{ki}-x_i)^2\sum_{k=1}^{m}(x_{kj}-x_j)^2}} \tag{5-4}$$

（3）计算相关系数矩阵 R 的特征值与特征向量

求解特征方程 $|\lambda_n I-R|=0$ 可得到特征值 λ_j（j=1，2，…，n），并使其按大小排列，即 $\lambda_1 \geqslant \lambda_2 \geqslant \cdots \geqslant \lambda_n \geqslant 0$，然后分别求出对应于特征值 λ_j 的特征向量 E_j（j=1，2，…，n）。通常取特征值≥1 的特征根。

（4）计算主成分贡献率和累计贡献率，并确定主成分个数

第 k（k=1，2，…，n）个主成分 y_k 的贡献率为：

$$\alpha_k=\frac{\lambda_k}{\sum_{j=1}^{n}\lambda_j} \tag{5-5}$$

式中：α_k 越大，说明主成分 y_j 越能代表 x_1，x_2，…，x_n。

主成分 y_1，y_2，…，y_k 的累计贡献率为：

$$Q=\sum_{j=1}^{k}\left(\frac{\lambda_k}{\sum_{j=1}^{n}\lambda_j}\right) \tag{5-6}$$

通常取累计贡献率≥85%以上的 k 个主成分，$k<n$。通过计算，本研究有 3 个特征值满足条件，故提取 3 个主成分。

（5）指标权重的确定

通过上述步骤计算各指标权重的公式为：

$$W=\left|\sum_{k=1}^{3}(E_k \times \alpha_k)\right| \tag{5-7}$$

最后，将计算的权重进行归一化处理即得到各评价指标的初始权重（见表 5-2）。

表 5-2 晋北地区生态安全评价指标体系

目标	系统	指标	指标向性	权重
晋北地区生态安全评价	驱动力	人口增长率	−	0.055 9
		GDP 增长率	+	0.063 1
		城镇化水平	+	0.059 0
	压力	人均 GDP	+	0.060 0
		城镇人口密度	−	0.058 1
		单位面积化肥施用量	−	0.054 2
		单位面积农业机械动力	+	0.054 2
		人均羊	−	0.044 5
	状态	耕地面积比重	−	0.020 1
		林地面积比重	+	0.031 4
		草地面积比重	+	0.036 8
	影响	单位耕地粮食产量	+	0.054 2
		农民人均纯收入占人均 GDP 比例	+	0.064 8
		水域面积比重	+	0.069 5
		盐碱地面积比重	−	0.068 0
		裸地面积比重	−	0.067 8
	响应	人均耕地面积	+	0.020 5
		第三产业比重	+	0.000 3
		居民交通用地面积比重	−	0.051 1
		工矿用地面积比重	−	0.066 5

5.3.4 生态安全综合评价结果

通过各评价指标的权重与标准化后的数据进行加权计算，可以得到晋北地区 1986—2014 年生态安全的综合得分（见表 5-3），分值越高，生态越安全，其计算公式为：

$$F=\sum_{j=1}^{n}W_jX_j \tag{5-8}$$

表 5-3 晋北地区 1986—2014 年生态安全的综合得分

年份	综合得分
1986	0.63
1994	0.62
1999	0.56
2009	0.50
2014	0.49

根据表 5-3 与生态安全评价等级划分标准（见表 5-4）可知，1986—2014 年，晋北地区的生态安全状态整体水平不高，且呈现下降趋势，研究区在 1986 年和 1994 年时生态安全属于第III等级，即临界安全状态；1999 年下降到第II等级，处于较不安全状态，虽然 1999—2014 年均属于第II等级，但分值一直在减小，表明晋北地区的生态安全状况持续恶化。

表 5-4 生态安全评价等级划分标准

等级	安全状态	分值
I	不安全	≤0.4
II	较不安全	0.4～0.6
III	临界安全	0.6～0.7
IV	较安全	0.7～0.9
V	安全	≥0.9

5.4 本章小结

（1）采用经济合作与发展组织（OECD）提出的 DPSIR 模型，在参考相关文献的基础上，根据指标选取的科学性、完整性、可行性等原则，结合研究区实际情况，并考虑数据获取的难易程度，构建了晋北地区生态安全评价指标体系，共包括 20 个指标。

（2）晋北地区生态安全综合评价的结果表明：1986—2014 年，晋北地区的生态安全状态整体水平不高，且呈现下降趋势，研究区在 1986 年和 1994 年时生态安全属于第III等级，即临界安全状态；1999 年下降到第II等级，处于较不安全状态，虽然 1999—2014 年均属于第II等级，但分值一直在减小，表明晋北地区的生态安全状况持续恶化。

本章参考文献

[1] Singh K R，Murty H R，Gupta S K，et al.. An Overview of Sustainability Assessment Methodologies. Ecological Indicators，2009，9：189-212.

[2] 《山西五十年》编委会. 山西五十年. 北京：中国统计出版社，1999.

[3] 彭文甫. 成都市土地利用变化及驱动力分析. 成都：成都师范大学，2005.

[4] 任志清. 基于可持续发展的煤炭资源开发评价体系研究——以山西省煤炭资源的开发为例. 呼和浩特：内蒙古农业大学，2013.

[5] 山西统计局. 山西统计年鉴（1986—2014）. 北京：中国统计出版社，1987—2015.

[6] 汪立欢. 产业安全评价预警系统研究——基于主成分分析和 BP 神经网络方法. 北京：北京交通大学，2011.

[7] 卓风莉. 基于熵权系数和集对分析法的土地利用生态安全评价——以河北省为例. 地域研究与开发，2012（6）：111-114.

[8] 李慧静. 基于 MODIS-NDVI 的内蒙古植被变化遥感监测. 呼和浩特：内蒙古师范大学，2008.

[9] 李晋昌，韩柳彦，赵艳芳，等. 晋北沙漠化地区起沙风风况与输沙势. 中国沙漠，2016，36（4）：911-917.

[10] 李天宏，郑丽娜. 基于 RUSLE 模型的延河流域 2001—2010 年土壤侵蚀动态变化. 自然资源学报，2012，27（7）：1164-1175.

[11] 徐小明，杜自强，张红，等. 晋北地区 1986—2010 年土地利用/覆被变化的驱动力. 中国环境科学，2016，36（7）：2154-2161.

[12] 薛占金，秦作栋，孟宪文. 晋北地区环境特征及其土地沙化机制研究. 水土保持研究，2011，18（2）：98-102.

[13] 怡凯，王诗阳，王雪，等. 基于 RUSLE 模型的土壤侵蚀时空分异特征分析——以辽宁省朝阳市为例. 地理科学，2015，35（3）：365-372.

[14] 张莉秋，张红，李皎，等. 晋北沙漠化地区 1980—2014 年的气候变化. 中国沙漠，2016，36（4）：1116-1125.

[15] 朱世忠. 基于遥感的晋北地区植被覆盖变化监测. 东北林业大学学报，2014，42（8）：69-74.

[16] 邹金浪，谢花林，杨子生，等. 基于 USLE 的土壤侵蚀敏感性评价及其空间自相关分析——以江西省兴国县为例. 农业现代化研究，2011，32（6）：762-765.

基于系统动力学模型的土地利用格局情景模拟与仿真预测

土地利用/覆被变化是一个复杂多变的动态过程，因此，了解其系统内部组成要素之间的结构对土地利用变化的研究有至关重要的作用。系统动力学模型以其能够很好地分析研究信息反馈系统、认识系统问题和解决系统问题的优势，被很多研究土地利用变化的学者广泛运用（秦钟等，2009）。

本章运用系统动力学原理，构建了晋北地区土地利用系统动力学模型，探索了研究区土地利用系统内部组成要素之间的因果关系，从整体角度寻找改善系统的方法，通过设置不同的发展情景，仿真模拟晋北地区 2020 年的土地利用数量结构。

6.1 数据来源

本章的指标数据主要来源于第 2 章解译得到的 5 个年份的土地利用现状数据，以及山西省 1986—2014 年的政府统计数据，来自《山西五十年》（《山西五十年》编委会，1999）和 1986—2014 年的《山西统计年鉴》（山西统计局，1987—2015）等。

6.2 系统动力学原理

早在 1956 年，美国麻省理工学院的 Forrester 教授就提出了一种系统仿真方法，即系统动力学（王其藩，1994），并被广泛地运用在各个领域。根据系统动力学所用的方法可以看出：它是结构、功能和历史方法的综合（丁晓静，2011）。具体来说，系统动力学就是根据系统中存在的信息反馈机制，建立各个子系统的因果关系，从系统内部找寻问题的缘由，并通过数学方程式和结构流图的建立来实现计算机仿真试验，再对模型的有效性进行检验，最终得到可靠的模拟预测结果（汤洁等，2009），以期为有关部门提供决策依据。

系统动力学的建模主要有以下步骤（丁晓静，2011）。

（1）明确建模的目的，即要解决的问题。

（2）界定系统的边界，即要研究的范围。

（3）分析系统结构，即根据系统中存在的信息反馈机制，建立各个子系统的因、果关系，形成因果关系图。

（4）系统动力学模型的构建，即通过建立各种数学方程式，运用回归分析、趋势预测等方法确定模型的参数，形成系统结构流图。

（5）模型应用，即利用模型来模拟，并对模型有效性进行检验，直到结果满意为止。

6.3 系统动力学模型

6.3.1 系统动力学模型边界的确定

根据模型的设计，模型的空间边界是晋北地区 20 个县区的外围行政边界，模拟时间段为 1986—2020 年，步长为 1 年。

6.3.2 系统动力学模型数学方程

由于该系统数学方程众多，故本研究将其分为人口、经济、社会和资源 4 个子系统。这些方程来自于因果分析、线性回归、趋势外推等多种方法。表函数直接引自收集的统计数据，该函数随年份＜Time＞变化，是为了提高模拟的精度而设置的。

6.3.2.1 人口子系统

人口子系统包括 6 个方程，2 个表函数（表函数指自变量与因变量的关系通过列表给出的函数）：

总人口 = INTEG（人口增长量，401.43）

人口增长量 = 总人口×人口自然增长率

人口自然增长率 = 人口自然增长率表函数＜Time＞

非农业人口 = 总人口×城镇化水平

城镇化水平 = 城镇化水平表函数＜Time＞

城镇人口密度 = 非农业人口/居民交通用地面积

6.3.2.2 经济子系统

经济子系统包括 21 个方程，11 个表函数：

地区总产值 ＝INTEG（GDP 增长量，273 939）

GDP 增长量 ＝GDP 增长率×地区总产值

GDP 增长率 ＝ GDP 增长率表函数＜Time＞

人均 GDP＝ 地区总产值 /总人口

第一产业产值 ＝ 地区总产值×第一产业比重

第一产业比重 ＝ 一产比重表函数＜Time＞

第二产业产值 ＝ 地区总产值×第二产业比重

第二产业比重 ＝ 二产比重表函数＜Time＞

第三产业产值 ＝ 地区总产值×第三产业比重

第三产业比重 ＝ 三产比重表函数＜Time＞

农林牧渔业总产值 ＝ 第一产业产值×农林牧渔业与第一产业比值

农林牧渔业与第一产业比值 ＝ 农林牧渔业与第一产业比值表函数＜Time＞

农业产值 ＝ 农林牧渔业总产值×农业产值比例

农业产值比例 ＝ 农业产值比例表函数＜Time＞

单位面积农业产值 ＝ 单位面积农业产值表函数＜Time＞

林业产值 ＝ 农林牧渔业总产值×林业产值比例

林业产值比例 ＝ 林业产值比例表函数＜Time＞

单位面积林业产值 ＝ 单位面积林业产值表函数＜Time＞

牧业产值 ＝ 农林牧渔业总产值×牧业产值比例

牧业产值比例 ＝ 牧业产值比例表函数＜Time＞

单位面积牧业产值 ＝ 单位面积牧业产值表函数＜Time＞

6.3.2.3 社会子系统

社会子系统包括 5 个方程，1 个表函数：

农民人均收入占人均 GDP 比例 ＝ 农民人均纯收入 /人均 GDP

农民人均纯收入 ＝ 农民人均纯收入表函数＜Time＞

单位面积粮食产量 ＝ 单位面积化肥施用量× 4.743+单位面积农业机械动力× 32.744+1 837.41

单位面积化肥施用量 ＝7.863 2× Time−15506

单位面积农业机械动力 ＝0.239 5× Time−474.07

6.3.2.4 资源子系统

资源子系统包括 11 个方程，5 个表函数：

耕地面积 = 农业产值 /单位面积农业产值

人均耕地面积 = 耕地面积 /总人口

林地面积 = 林业产值 /单位面积林业产值

草地面积 = 牧业产值 /单位面积牧业产值

居民交通用地面积 =0.199 1×非农业人口+52.137

工矿用地面积 = 工矿用地面积表函数＜Time＞

水域面积 = 水域面积表函数＜Time＞

盐碱地面积 = 盐碱地面积表函数＜Time＞

裸地面积 = 裸地面积表函数＜Time＞

人均羊 = 羊/（总人口×10 000）

羊 =羊数表函数＜Time＞

6.3.3 系统动力学模型结构流图

构建的晋北地区土地利用系统动力学模型结构流图如图 6-1 所示。

为了模拟未来不同情景下的土地利用结构，本研究的系统动力学模型由人口和经济来总体驱动，经济由地区总产值（Gross Domestic Product，GDP）表征，GDP 的模拟依据 GDP 的现值和增长率，通过设置不同情景下的 GDP 增长率来计算未来情景下的 GDP 总量。GDP 按照不同产业部门分为第一、第二、第三产业产值。简单而言，第一产业代表农业，第二产业代表工业，第三产业代表服务业。本研究假定研究区的耕地、林地与草地面积分别与农业、林业和牧业产值相关。在统计年鉴中，农林牧渔业产值与第一产业产值具有良好的相关关系，因此本研究利用第一产值产值来预测农林牧渔业产值。其中，农业产值、林业产值和牧业产值的比例依照历史数据的趋势外推确定。除了农业、林业、牧业总产值之外，单位面积耕地、林地、草地的产值也决定着三者的面积，本研究在不同情景中设置其各自的值来估算耕地、林地、草地的面积。与 GDP 类似，人口也通过年均增长率来计算总人口数量，其中，由非农业人口占总人口的比例来计算非农业人口，将之与居民交通用地进行回归，确定居民交通用地面积。水域、盐碱地、裸地和工矿用地的面积较难直接利用人口与经济数据来进行预测，且这几种土地利用类型面积比例较小，因此本研究在不同情景中设置不同值代表发展程度。

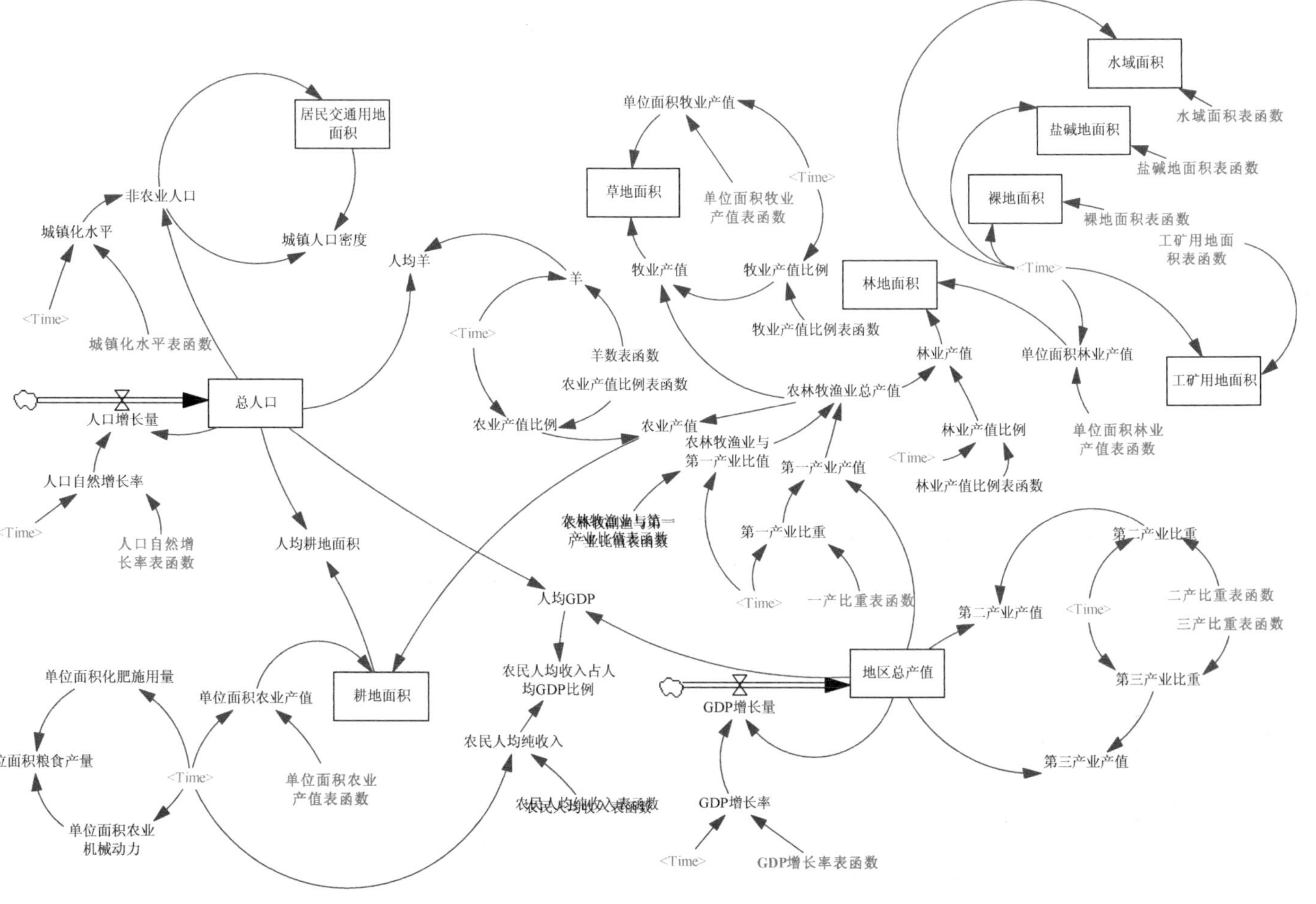

图 6-1　研究区系统动力学模型结构流图

6.3.4 模型主要变量

晋北地区土地利用系统动力学模型状态变量包括：总人口、地区总产值、耕地面积、林地面积、草地面积、居民交通用地面积、工矿用地面积、水域面积、盐碱地面积、裸地面积。

辅助变量包括：人口增长量、人口自然增长率、非农业人口、城镇化水平、城镇人口密度、GDP 增长量、GDP 增长率、人均 GDP、农民人均纯收入、农民人均收入占人均 GDP 比例、第一产业产值、第一产业比重、第二产业产值、第二产业比重、第三产业产值、第三产业比重、农林牧渔业总产值、农林牧渔业与第一产业比值、农业产值、单位面积农业产值、农业产值比例、林业产值、单位面积林业产值、林业产值比例、牧业产值、单位面积牧业产值、牧业产值比例、羊、人均羊、单位面积化肥施用量、单位面积农业机械动力、单位面积粮食产量。

表函数包括：人口自然增长率表函数、城镇化水平表函数、GDP 增长率表函数、一产比重表函数、二产比重表函数、三产比重表函数、农林牧渔业与第一产业比值表函数、农业产值比例表函数、单位面积农业产值表函数、林业产值比例表函数、单位面积林业产值表函数、牧业产值比例表函数、单位面积牧业产值表函数、羊数表函数、工矿用地面积表函数、水域面积表函数、盐碱地面积表函数、裸地面积表函数、农民人均纯收入表函数。

6.3.5 模型精度检验

为了验证模型预测的准确程度，需对本研究构建的系统动力学模型进行精度检验，通过对 1986 年、1994 年、1999 年、2009 年和 2014 年的模拟结果与实际结果进行比较分析，若误差合理，则认为模型预测结果比较可靠。

本研究选取了总人口、地区总产值和农林牧渔业总产值 3 个变量来检验模型的有效性，模拟结果与实际结果的对比见表 6-1。

通过对表 6-1 中模拟结果与实际结果的对比可知，相对误差均小于 1%，这是因为模型中运用了大量的表函数，使得模拟精度较高。模型在五个年份土地利用预测中的精度如表 6-2 所示。如上文所述，水域、盐碱地、裸地和工矿用地的面积由表函数直接设定，因此此处仅验证耕地、林地、草地和居民交通用地的模拟精度。

表 6-1 晋北地区系统动力学模型主要变量模拟结果与实际结果对比表

年份	项目名称	模拟结果	实际结果	相对误差/%
1986	总人口/万人	401.430	401.430	0.000 00
	地区总产值/万元	273 939	273 939	0.000 00
	农林牧渔业总产值/万元	90 057.2	90 057	0.000 22
1994	总人口/万人	451.384	451.380	0.000 89
	地区总产值/万元	961 733	961 731	0.000 21
	农林牧渔业总产值/万元	474 146	474 144	0.000 42
1999	总人口/万人	474.735	474.726	0.001 90
	地区总产值/万元	2 186 080	2 186 073	0.000 32
	农林牧渔业总产值/万元	405 202	407 454	−0.552 70
2009	总人口/万人	546.294	546.279	0.002 75
	地区总产值/万元	10 012 400	10 012 405	−0.000 05
	农林牧渔业总产值/万元	1 396 770	1 398 802	−0.145 27
2014	总人口/万人	582.611	582.598	0.002 23
	地区总产值/万元	20 873 000	20 872 972	0.000 13
	农林牧渔业总产值/万元	2 617 730	2 617 725	0.000 19

表 6-2 晋北地区系统动力学模型土地利用模拟结果与观测对比表

		耕地	林地	草地	居民交通用地
1986 年	实测值	1 388.24	652.51	1 024.42	59.35
	模拟值	1 388.87	652.81	1 024.89	57.96
	相对误差/%	0.05	0.05	0.05	−2.35
1994 年	实测值	1 387.73	610.82	1 066.08	62.03
	模拟值	1 469.75	731.45	863.10	62.36
	相对误差/%	5.91	19.75	−19.04	0.54
1999 年	实测值	1 389.68	644.9	1 024.83	64.13
	模拟值	1 349.20	721.87	986.58	65.88
	相对误差/%	−2.91	11.93	−3.73	2.73
2009 年	实测值	1 362.84	697.88	974.37	83.38
	模拟值	1 357.01	709.35	969.65	82.46
	相对误差/%	−0.43	1.64	−0.48	−1.10
2014 年	实测值	1 323.53	751.78	947.27	92.35
	模拟值	1 323.69	751.88	946.84	92.53
	相对误差/%	0.01	0.01	−0.05	0.19

由表 6-2 可知，总体而言，本研究所建立的系统动力学模型的模拟精度较高，在 1986 年、1999 年、2009 年和 2014 年模拟结果的相对误差均较小，大部分模拟结果的相对精度在±5%以内，但值得注意的是，1994 年的模拟结果，特别是林地和草地的模拟结果误差较大，分别达到了 19.75%和−19.04%，究其原因，我们发现实测值中林地在 1986—2014 年经历了先减少后增加的变化，而草地则呈现增加先减少后的趋势，二者由增加到减少或者由减少到增加趋势改变的年份均为 1994 年，本研究建立的模型未能准确模拟这一趋势，造成了较大的误差。总体而言，随着模型运行年份的增加，1999—2009 年，再到 2014 年，模型的精度在不断提高；此外，由于本研究的目标年份为 2020 年，距离 2014 年仅为 6 年，且在不同情景的设置中并未体现土地利用变化趋势的改变，因此，尽管该模型存在一定不确定性，但在利用其进行 2020 年不同情景下土地利用变化的模拟时，其结果仍较为可信。

6.3.6 情景设置

本研究设置了 3 种情景，期望通过模拟不同情景下的 2020 年晋北地区土地利用格局来反映不同社会经济发展情景下土地利用变化的差异，从而可以为研究区的土地利用规划提供科学依据。3 种情景的具体设置如下所述：

6.3.6.1 情景 1：自然发展型情景

人口、GDP 的发展维持 2009—2014 年的发展速度，第一、第二、第三产业比重维持现状，水域面积减少，工矿用地面积、盐碱地面积和裸地面积增加，其增加或减少趋势也与 1986—2014 年的趋势相同，耕地、林地、草地的单位面积产值增加。其中，GDP 增长速度（本研究中为现价增速，一般统计局公布为平价后的 GDP 增速）、第一产业比重、第二产业比重、第三产业比重、城镇化水平、人口自然增长率均假定为维持现状，工矿用地面积、水域面积、盐碱地面积、裸地面积均采用趋势外推法获取，单位耕地面积农业产值、单位林地面积林业产值和单位草地面积牧业产值为 2014 年水平与趋势外推法获取的 2020 年值的平均。

6.3.6.2 情景 2：协调发展型情景

GDP 增长速度减缓，第三产业比重较现状增加，第一、第二产业比重均减少。生态环境显著改善，水域面积增加，盐碱地、裸地的面积有所减少，而工矿用地面积的增长速度减缓，耕地、林地、草地的单位面积产值保持现状。其中，人口自然增长率采用《山西省人口发展与人口计生事业发展“十二五”规划》（山西省发改委，2011）中的规划增长率，城镇化水平根据宋丽敏（2007）的研究确定，水域面积较情景 1 有所提高，而工矿用地面积、盐碱地面积和裸地面积较情景 1 有所降低，单位耕地面积农业产值、单位林地面积林业产值和单位草地面积牧业产值维持 2014 年的水平。

6.3.6.3 情景 3：经济发展型情景

GDP 增长速度提高，第二产业比重增加，而第一、第三产业比重减少。但生态环境环境的恶化趋势加剧，水域面积急剧减少，工矿用地面积、盐碱地面积和裸地面积剧增，而耕地、林地、草地的单位面积产值显著增加。这种情景下，假定 GDP 增速较现状进一步提升，第二产业比重进一步加大，第一产业比重和第三产业比重均下降，人口自然增长率有所提升，水域面积较现状显著减小，而工矿用地面积、盐碱地面积和裸地面积显著增加，单位耕地面积农业产值、单位林地面积林业产值和单位草地面积牧业产值采用趋势外推法获得 2020 年的值。

综上所述，3 种不同情景下的晋北地区土地利用系统动力学主要参数调整表见表 6-3，通过这些参数的调整，得到了 2020 年 3 种不同情景下的晋北地区土地利用结构模拟数据，见表 6-4。

表 6-3 研究区系统动力学模型主要参数调整表

	情景 1	情景 2	情景 3
GDP 增长速度/%	按现价增速 20（平价增速约 12.25）	按现价增速 10（平价增速约 9.48）	按现价增速 30（平价增速约 15.03）
第一产业比重/%	6.56	5.00	5.00
第二产业比重/%	57.59	45.00	65.00
第三产业比重/%	35.85	50.00	30.00
人口自然增长率/%	1.34	0.65	2
城镇化水平/%	55.51	60	65
水域面积/10^3hm^2	9.70	20	5
盐碱地面积/10^3hm^2	8.28	4	15
裸地面积/10^3hm^2	11.53	5	20
工矿用地面积/10^3hm^2	32.46	28	50
单位耕地面积农业产值/（万元/10^3hm^2）	1 400.89	1 017.47	1 784.30
单位林地面积林业产值/（万元/10^3hm^2）	349.64	234.28	464.99
单位草地面积牧业产值/（万元/10^3hm^2）	2 099.17	1 089.68	3 108.65

表 6-4 不同情景下 2020 年的土地利用结构模拟结果 单位：10^3hm^2

土地利用类型	情景 1	情景 2	情景 3
耕地	1 468.69	1 516.35	1 517.98
林地	769.64	861.31	761.84
草地	750.85	612.26	667.46
居民交通用地	123.60	127.82	137.47
工矿用地	32.46	28.00	50.00
水域	9.70	20.00	5.00
盐碱地	8.28	4.00	15.00
裸地	11.53	5.00	20.00

6.4 模拟结果

由表 6-4 可知，在情景 1，即自然发展型情景下，2014—2020 年，耕地、林地、居民交通用地、工矿用地、盐碱地和裸地面积增加，且耕地与居民交通用地面积增加最多；草地、水域面积减少，且草地面积减少最多，表明耕地、林地和居民交通用地占用了大量的草地。在情景 2，即协调发展型情景下，2014—2020 年，耕地、林地、居民交通用地、工矿用地、水域面积增加，且耕地、林地面积增加最多；草地、盐碱地和裸地面积减少，且草地面积减少最多，表明耕地、林地占用了大量草地。在情景 3，即经济发展型情景下，耕地、林地、居民交通用地、工矿用地、盐碱地和裸地面积增加，且耕地、居民交通用地面积增加最多；草地、水域面积减少，且草地面积减少最多，表明耕地、居民交通用地占用了大量的草地。

6.5 本章小结

（1）运用系统动力学原理，通过回归分析、趋势预测等方法将各个变量有机地组合起来，构建了晋北地区土地利用系统动力学模型。经过对比模型的模拟结果与实际结果，得出相对误差均在合理范围内，故运用此模型预测 2020 年的晋北地区土地利用结构数据是比较可靠的。

（2）不同情景下 2020 年的土地利用结构模拟结果表明：在情景 1，即自然发展型情景下，2014—2020 年，耕地、林地、居民交通用地、工矿用地、盐碱地和裸地面积增加，且耕地与居民交通用地面积增加最多；草地、水域面积减少，且草地面积减少最多，表明耕地、林地和居民交通用地占用了大量的草地。在情景 2，即协调发展型情景下，2014—2020 年，耕地、林地、居民交通用地、工矿用地、水域面积增加，且耕地、林地面积增加最多；草地、盐碱地和裸地面积减少，且草地面积减少最多，表明耕地、林地占用了大量草地。在情景 3，即经济发展型情景下，耕地、林地、居民交通用地、工矿用地、盐碱地和裸地面积增加，且耕地、居民交通用地面积增加最多；草地、水域面积减少，且草地面积减少最多，表明耕地、居民交通用地占用了大量的草地。

本章参考文献

[1] 《山西五十年》编委会. 山西五十年. 北京：中国统计出版社，1999.

[2] 丁晓静. 基于系统动力学的城市生态安全预警研究——以辽宁省为例. 大连：辽宁师范大学，2011.

[3] 秦钟，章家恩，骆世明，等. 基于系统动力学的土地利用变化研究. 华南农业大学学报，2009，30（1）：89-93.

[4] 山西省发改委. 山西省人口发展与人口计生事业发展“十二五”规划. 2011.

[5] 山西统计局. 山西统计年鉴（1986—2014）. 北京：中国统计出版社，1987—2015.

[6] 宋丽敏. 中国人口城市化水平预测分析. 辽宁大学学报（哲学社会科学版），2007，35（3）：115-119.

[7] 汤洁，韩维峥，李昭阳，等. 吉林西部退化草地修复方案的仿真优化. 生态环境学报，2009，18（4）：1390-1394.

[8] 王其藩. 系统动力学（修订版）. 北京：清华大学出版社，1994.

基于 CA-Markov 的土地利用变化情景模拟

通过第 5 章的分析可知，1986—2014 年，晋北地区的生态安全状态整体水平不高，且呈现下降趋势，研究区土地利用结构以及空间分布不尽合理等问题是生态安全状况持续恶化的主要原因之一。因此，本章基于不同的未来发展情景对晋北地区的土地利用空间分布进行了模拟，旨在寻求提高研究区生态安全水平的发展路径。

本章首先选取了 16 个评价因子（包括 8 个影响因子和 8 个距离因子），然后对研究区的土地利用类型与其相关因子进行 Logistic 回归分析，建立 Logistic 回归方程，并进行 ROC 检验，从而得到研究区的土地利用适宜性图集。在此基础上，利用 IDRISI 软件里的 CA-Markov 模块，验证 CA-Markov 模型模拟精度。根据模拟的 2020 年土地利用结构，设定各情景下的转移矩阵。最后，以 2014 年的土地利用图为底图，结合 Logistic 回归得到的适宜性图集和设定的转移矩阵，对不同情景下 2020 年的土地利用结构进行了模拟预测，以期为研究区的可持续发展提供一定的决策支持。

7.1 CA-Markov 模型

元胞自动机模型（Cellular Automata，CA）是一种可以将空间的相互作用及时间的因果关系都局部化的网格动力学模型（刘勇等，2013）。转换规则的定义在 CA 模型中最为关键。

马尔科夫链分析模型（Markov Chain Analysis）是一种传统的建模方法，它可以描述一个时期到另一个时期的土地利用数量变化，从而预测未来的土地利用情况（刘勇等，2013），因此，马尔科夫链分析模型被广泛地运用于土地利用变化研究中。

但是，CA 模型与 Markov 模型都有一定的局限性，CA 模型无法预测数量变化，Markov 模型则无法预测土地利用类型的空间分布（郭斌等，2014），而 CA 模型与 Markov 模型的结合——CA-Markov 模型则削弱了两者的缺点，同时综合了两者的优点，可以使不同时期土地利用时空变化的模拟结果更具有科学性（汤洁等，2010）。

7.2　适宜性评价

土地利用适宜性评价可以反映土地对预定用途适宜的程度，是土地规划工作的重要依据（史同广等，2007）。

7.2.1　评价因子

土地利用适宜性评价的首要步骤是评价因子的选取（李亚萍，马蓉，2009）。评价因子的选取是否科学可以决定评价结果的合理性。因此，本研究在对研究区的实际情况综合分析的前提下，选取了 16 个评价因子，包括 8 个影响因子（坡度、高程、降水、温度、≥10℃积温、线状水系距离、道路距离、土壤有机质）和 8 个距离因子（耕地距离、林地距离、草地距离、居民用地距离、工矿用地距离、水域距离、盐碱地距离、裸地距离）。在此基础上，借助 ArcGIS 软件里的 Distance 模块，将所需数据都离散到 0～1，其中，0 表示距离最近，1 表示距离最远，从而分别得到土地利用适宜性影响因子和距离因子的标准化图，见图 7-1 和图 7-2。

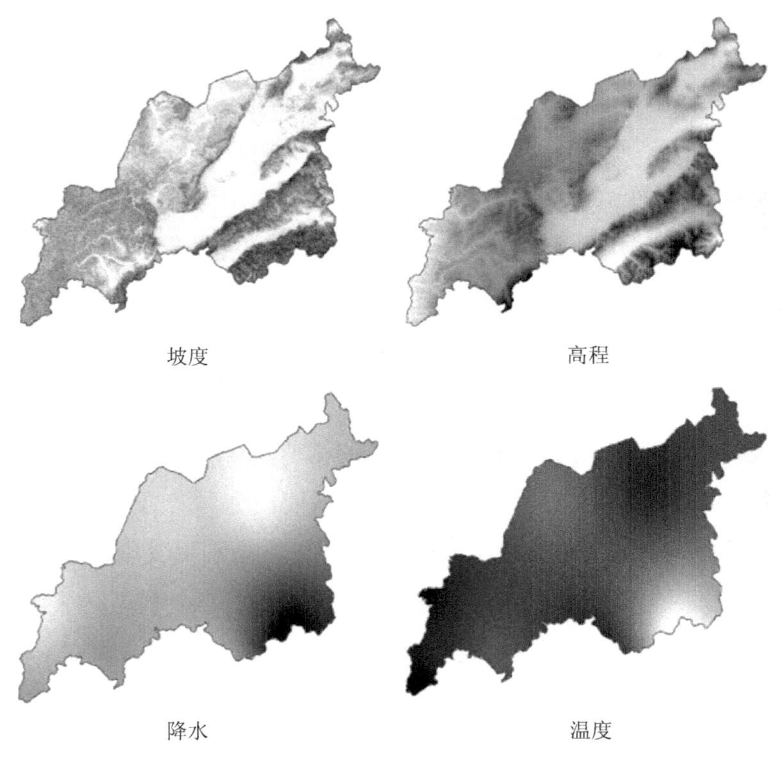

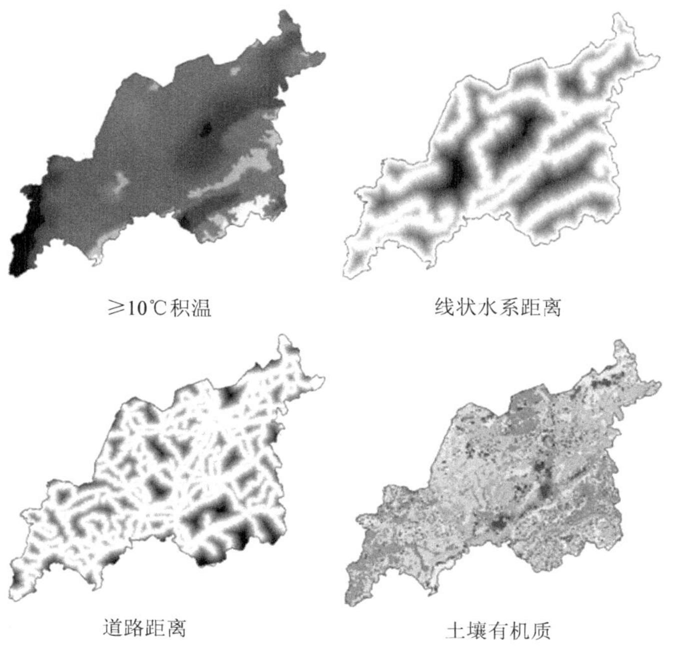

图 7-1 晋北地区土地利用适宜性影响因子的标准化图

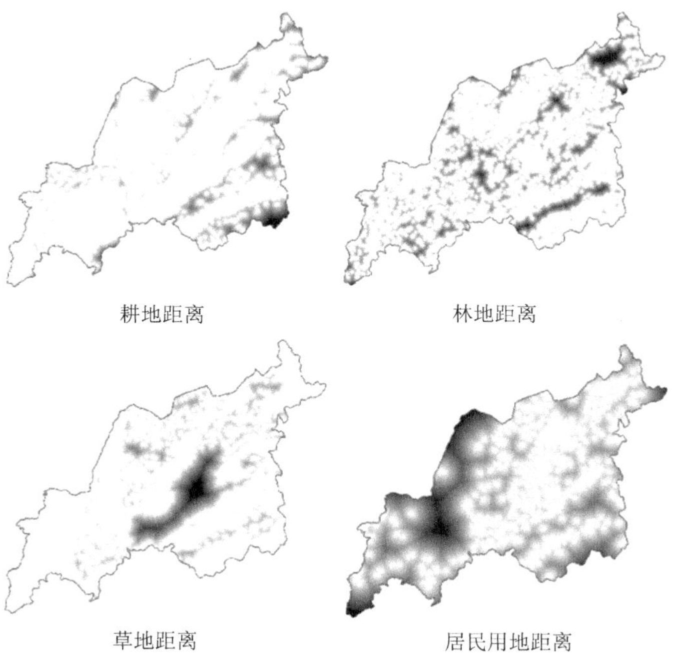

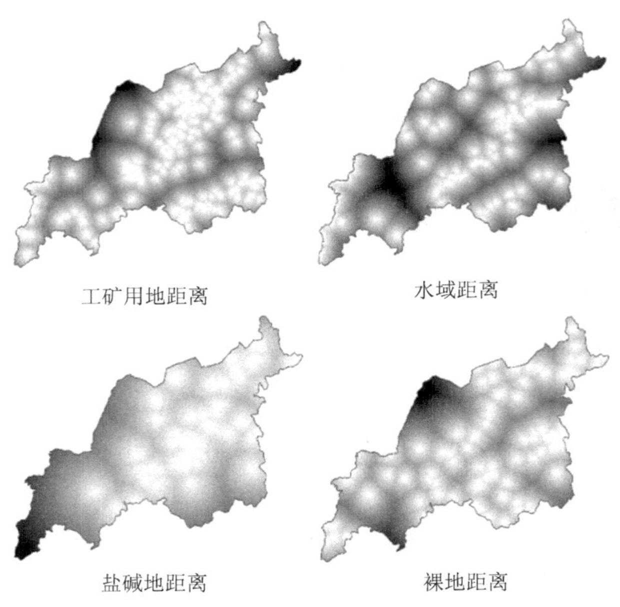

图 7-2 晋北地区土地利用适宜性距离因子的标准化图

7.2.2 Logistic 回归分析

目前，土地利用适宜性评价的方法有很多种，本研究选取 Logistic 回归分析法来评价。Logistic 回归拟合方程的公式为（何丹等，2011）：

$$y = \ln\left(\frac{P_i}{1-P_i}\right) = \beta_0 + \beta_1 Z_1 + \beta_2 Z_2 + \cdots + \beta_n Z_n \tag{7-1}$$

式中：P_i —— 任一栅格出现某种土地利用类型 i 的可能概率；

Z —— 各评价因子。

通过对每个栅格出现某种土地利用类型的概率进行分析，从中选出对土地利用结构关系最密切的因子，并确定它们之间的定量关系，拟合结果一般采用 Pontius 提出的 ROC 曲线进行检验，即以 ROC 曲线下的面积值为检验标准（邢容容等，2014）。ROC 值为 0.5～1，且值的大小与拟合效果呈正相关。当 ROC 值等于 0.5 时，拟合无意义；当 ROC 值在 0.5～0.7 时，拟合效果有较低准确性；当 ROC 值在 0.7～0.9 时，拟合效果有一定准确性；当 ROC 值在 0.9～1 时，拟合效果有较高准确性。ROC 值小于 0.5 的情况极少出现，也不符合实际情况（邢容容等，2014）。

假定 Z_1 为≥10℃积温，Z_2 为高程，Z_3 为降水，Z_4 为道路距离，Z_5 为坡度，Z_6 为温

度，Z_7 为土壤有机质，Z_8 为线状水系距离，Z_9 为耕地距离，Z_{10} 为林地距离，Z_{11} 为草地距离，Z_{12} 为居民用地距离，Z_{13} 为工矿用地距离，Z_{14} 为水域距离，Z_{15} 为盐碱地距离，Z_{16} 为裸地距离，则 2014 年各土地利用类型的拟合方程可以分别表示为：

$$y(\text{耕地}) = -7.4232 + 1.9144Z_1 - 1.8823Z_2 + 3.8699Z_3 - 7.2745Z_4 - 14.5065Z_5 + 4.9929Z_6 + 0.8336Z_7 - 0.4557Z_8 + 8.4065Z_9$$

$$y(\text{林地}) = -5.6752 + 3.7773Z_1 + 3.4642Z_2 + 3.2967Z_3 + 0.6692Z_4 - 0.8521Z_5 + 2.6242Z_6 - 0.1357Z_7 + 0.0518Z_8 - 21.4180Z_{10}$$

$$y(\text{草地}) = -5.8196 + 4.2746Z_1 + 3.1813Z_2 + 1.5643Z_3 + 0.7681Z_4 + 0.9036Z_5 + 2.2779Z_6 + 0.4363Z_7 + 1.3314Z_8 - 40.5433Z_{11}$$

$$y(\text{居民用地}) = -8.2169 + 2.8706Z_1 + 2.9867Z_2 + 3.2209Z_3 - 4.4826Z_4 - 2.9489Z_5 + 5.1952Z_6 + 1.3697Z_7 + 1.7828Z_8 - 38.1102Z_{12}$$

$$y(\text{工矿用地}) = -9.1719 - 0.8381Z_1 + 3.7376Z_2 + 4.0143Z_3 - 0.5496Z_4 + 1.2522Z_5 + 8.1002Z_6 - 0.7492Z_7 + 0.8822Z_8 - 33.5183Z_{13}$$

$$y(\text{水域}) = -9.5026 + 9.2594Z_1 + 1.5866Z_2 + 1.5809Z_3 + 2.7462Z_4 - 5.4237Z_5 + 1.0813Z_6 + 2.9700Z_7 + 1.2429Z_8 - 72.3490Z_{14}$$

$$y(\text{盐碱地}) = -11.5643 + 7.3355Z_1 - 11.3993Z_2 - 0.0510Z_3 + 5.0002Z_4 + 5.0107Z_5 + 4.1869Z_6 + 4.2100Z_7 - 3.1130Z_8 - 22.6038Z_{15}$$

$$y(\text{裸地}) = -9.7106 + 6.1636Z_1 + 5.2848Z_2 + 4.6825Z_3 - 6.1231Z_4 - 4.9720Z_5 + 2.5286Z_6 - 0.2965Z_7 + 3.5769Z_8 - 61.7759Z_{16}$$

经 ROC 验证，各土地利用类型的 ROC 值分别为耕地 0.934 4，林地 0.941 4，草地 0.955 1，居民用地 0.959 6，工矿用地 0.944 6，水域 0.994 0，盐碱地 0.967 7，裸地 0.923 1，都在 0.9～1，表明拟合效果有较高的准确性，评价因子可以有效地说明各土地利用类型的空间分布。

7.2.3 适宜性图集

通过 Logistic 回归方程来确定各栅格可能出现某种土地利用类型的概率，本研究得到了各土地利用类型的空间分布概率适宜图。在此基础上，借助 IDRISI 软件，将各土地利用类型的空间分布概率适宜图组合成适宜性图集，见图 7-3。适宜性范围为[0，255]，其中 0 代表最不适宜，255 代表最适宜。

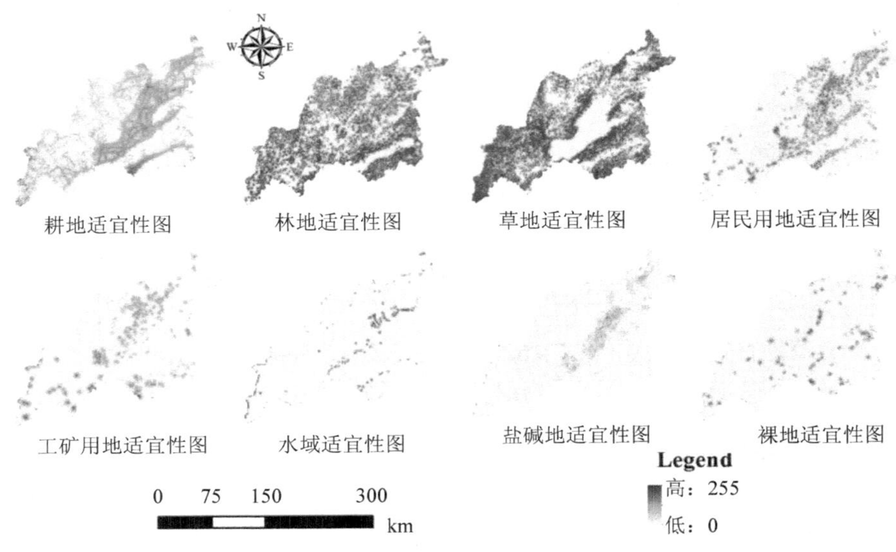

图 7-3 土地利用类型适宜性图集

7.3 CA-Markov 模型验证

以 2009 年土地利用现状图为底图，结合 Logistic 回归得到的适宜性图集，以及通过 Database Query 中的 CROSSTAB 得到 2009—2014 年土地利用转移矩阵，运行 CA-Markov 模块，设定迭代次数为 5，得到 2014 年土地利用预测图，见图 7-4。以 2014 年目视解译获得的土地利用现状图为参考，与 2014 年土地利用预测图进行叠加分析，得到模拟差异图（见图 7-4），然后验证 CA-Markov 模型模拟精度，对比见表 7-1。

表 7-1 2014 年预测精度对比表

	2014 年实际栅格数	2014 年预测栅格数	一致栅格数	正确率/%	Kappa 系数
耕地	13 262	13 262	12 457	93.93	0.929 6
林地	7 501	7 495	6 876	91.67	0.909 6
草地	9 427	9 425	9 052	96.02	0.955 9
居民用地	955	958	836	87.54	0.874 1
工矿用地	265	273	190	71.70	0.716 2
水域	161	167	141	87.58	0.875 6
盐碱地	72	70	53	73.61	0.735 9
裸地	100	93	39	39.00	0.389 4

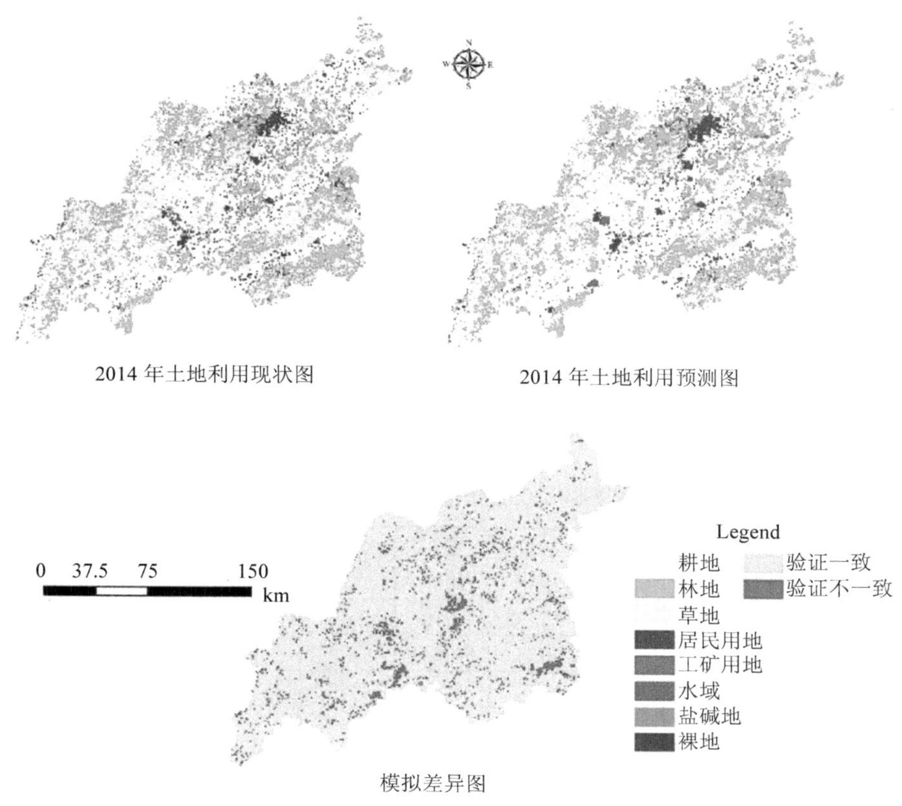

图 7-4 2014 年土地利用现状图、预测图以及模拟差异图

由表 7-1，并借助 IDRISI 软件可得总体 Kappa 系数为 0.924 4，表明模拟精确度符合要求，可以用来预测土地利用的空间格局。

7.4 转移矩阵的构建

土地利用类型转移矩阵中的值可以通过经验获得，特别是当不存在分时期的土地利用/覆被图时，这种经验判断成为了主要的方法（史培军等，2000）。为了开展晋北地区土地利用结构的情景模拟研究，本研究根据该区早年的转移矩阵进行了经验判断，并咨询了数位土地方面的专家，对各情景下的转移矩阵进行了设定。为了减少研究的不确定性、增强实际操作性，本研究中简化了土地利用类型之间的转化种类（如假定林地被开垦为耕地的情况不会发生等），并按照其现状面积比例对各土地利用类型的增减量进行分配，从而得到了 2020 年的 3 个转移矩阵，见表 7-2～表 7-4。

表 7-2 2020 年情景 1 的转移矩阵

单位：10^3hm^2

	耕地	林地	草地	居民用地	工矿用地	水域	盐碱地	裸地	减少合计	面积变化
耕地		15.92	18.88	13.57	3.04		0.34		51.75	144.61
林地				7.71	1.73				9.44	17.86
草地	192.55	11.38		9.71	2.18		0.25	1.42	217.49	−195.87
居民用地										31.25
工矿用地				0.26					0.26	6.69
水域	3.82		2.73				0.02		6.57	−6.57
盐碱地										0.61
裸地										1.42
增加合计	196.37	27.30	21.61	31.25	6.95	0.00	0.61	1.42		

表 7-3 2020 年情景 2 的转移矩阵

单位：10^3hm^2

	耕地	林地	草地	居民用地	工矿用地	水域	盐碱地	裸地	减少合计	面积变化
耕地		69.32	23.22	15.40	1.10	2.17			111.21	192.27
林地				8.75	0.63				9.38	109.53
草地	298.38	49.59		11.02	0.79	1.55			361.33	−334.45
居民用地										35.47
工矿用地				0.30					0.30	2.23
水域										3.73
盐碱地	2.13		1.53			0.01			3.67	−3.67
裸地	2.97		2.13		0.01				5.11	−5.11
增加合计	303.48	118.91	26.88	35.47	2.53	3.73				

表 7-4 2020 年情景 3 的转移矩阵

单位：10^3hm^2

	耕地	林地	草地	居民用地	工矿用地	水域	盐碱地	裸地	减少合计	面积变化
耕地		15.92	33.54	19.59	10.78		4.25		84.08	193.90
林地				11.13	6.12				17.25	10.06
草地	271.44	11.39		14.02	7.71		3.04	9.89	317.48	−279.26
居民用地										45.12
工矿用地				0.38					0.38	24.23
水域	6.55		4.68				0.04		11.27	−11.27
盐碱地										7.33
裸地										9.89
增加合计	277.99	27.31	38.22	45.12	24.61	0.00	7.33	9.89		

7.5 不同情景下土地利用的空间格局

以 2014 年的土地利用现状图为底图，结合 Logistic 回归得到的适宜性图集和前文设定的转移矩阵，运行 CA-Markov 模块，设定迭代次数为 6，得到不同情景下 2020 年的土地利用预测图，见图 7-5。

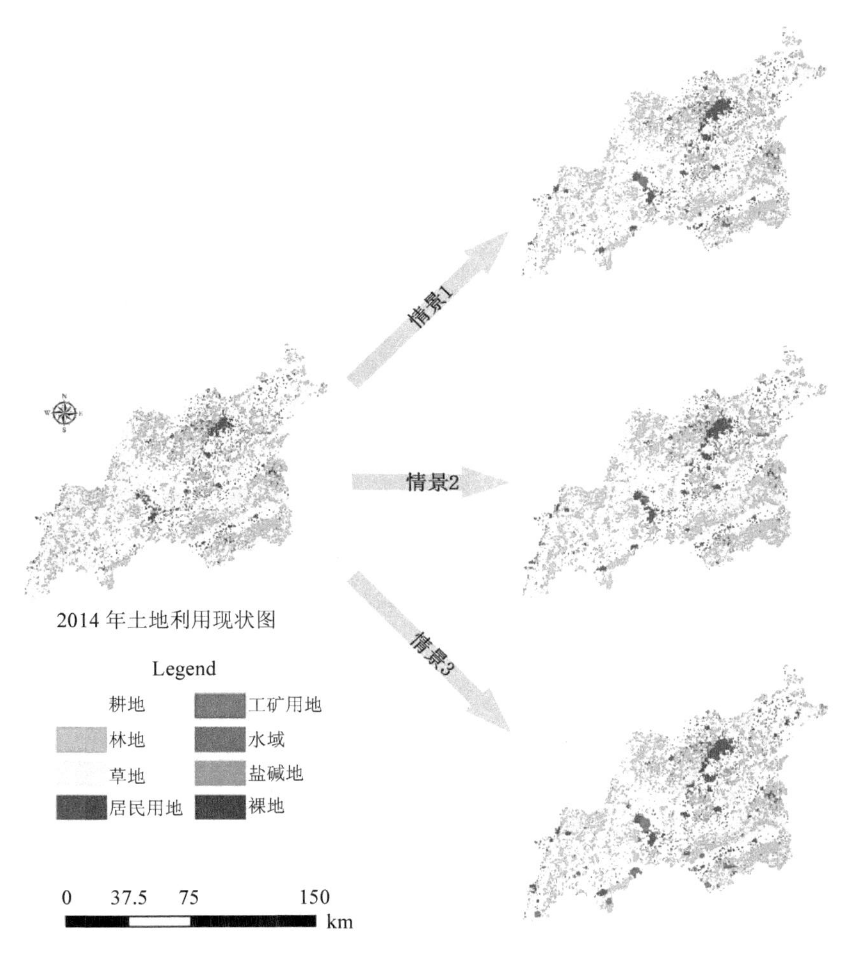

图 7-5 不同情景下的土地利用空间格局分布图

由图 7-5 可知，在 3 种情景下，耕地、林地、居民交通用地和工矿用地的空间分布都比 2014 年的分布更广，同时草地的空间分布则都缩减了，其他 3 种土地利用类型的分布则更加分散。具体来说，耕地都在向研究区的西部扩张，且情景 2 和情景 3 比情景

1 扩张的幅度大；林地也是都在向研究区的西部扩张，且情景 2 的扩张幅度最大，情景 1 的扩张幅度比情景 3 略微大一些；草地则在西部的分布大幅缩减，且情景 2 的缩减幅度最大，情景 3 次之，情景 1 最小；居民交通用地都在向周围大幅地扩建，且情景 3 的扩建幅度最大，情景 2 次之，情景 1 最小；工矿用地的分布一部分表现为向周围扩建，另一部分表现为在其他地方新建，其中，情景 1 和情景 2 主要表现为向周围扩建，且情景 1 比情景 2 的扩建幅度略大一些，而情景 3 则在西部和东南部新建了大量的工矿用地；水域、盐碱地和裸地的分布很少，且都比较分散。

综合而言，情景 1 反映了土地利用变化自然发展的情形，在没有外部强制力的约束下，面积变化符合研究区目前土地利用发展的趋势；情景 2 反映了经济、社会和生态协调发展的情形，代表以上各方面协调发展的情景，面积变化符合区域可持续发展的目标；情景 3 反映了研究区侧重经济发展情形下的土地利用变化，在重视经济发展的压力下，不合理的土地利用变化加剧。总而言之，此模拟结果可为有关部门制定地区土地利用规划提供科学参考。

7.6 本章小结

（1）在对研究区的实际情况综合分析的前提下，选取了 16 个评价因子，包括 8 个影响因子（坡度、高程、降水、温度、≥10℃积温、线状水系距离、道路距离、土壤有机质）和 8 个距离因子（耕地距离、林地距离、草地距离、居民用地距离、工矿用地距离、水域距离、盐碱地距离、裸地距离）。

（2）对研究区的土地利用类型与其相关因子进行 Logistic 回归分析，建立 Logistic 回归方程，并进行 ROC 检验，从而得到研究区的土地利用适宜性图集。经 ROC 验证，各土地利用类型的 ROC 都在 0.9～1，表明拟合效果有较高准确性，评价因子可以有效地说明各土地利用类型的空间分布。

（3）借助 IDRISI 软件得出总体 Kappa 系数为 0.924 4，表明模拟精确度符合要求，可以用来预测土地利用的空间格局。

（4）对 2020 年的土地利用变化在不同情景下的模拟结果表明：情景 1 反映了土地利用变化自然发展的情形，在没有外部强制力的约束下，面积变化符合研究区目前土地利用发展的趋势；情景 2 反映了经济、社会和生态协调发展的情形，代表以上各方面协调发展的情景，面积变化符合区域可持续发展的目标；情景 3 反映了研究区侧重经济发展情形下的土地利用变化，在重视经济发展的压力下，不合理的土地利用变化加剧。总而言之，此模拟结果可为有关部门制定地区土地利用规划提供科学参考。

本章参考文献

[1] 郭斌，张莉，文雯，等. 基于 CA-Markov 模型的黄土高原南部地区土地利用动态模拟. 干旱区资源与环境，2014，28（12）：14-18.

[2] 何丹，金凤君，周璟. 基于 Logistic-CA-Markov 的土地利用景观格局变化——以京津冀都市圈为例. 地理科学，2011，31（8）：903-910.

[3] 李亚萍，马蓉. 土地适宜性评价方法研究. 现代化农业，2009（3）：30-32.

[4] 刘勇，苏超，徐小明. 太原市高新开发区土地利用优化配置研究. 中国土地科学，2013，27（10）：16-23.

[5] 史培军，宫鹏，李晓兵，等. 土地利用/覆被变化研究的方法与实践. 北京：科学出版社，2000.

[6] 史同广，郑国强，王智勇，等. 中国土地适宜性评价研究进展. 地理科学进展，2007（2）：106-115.

[7] 汤洁，汪雪格，李昭阳，等. 基于 CA-Markov 模型的吉林省西部土地利用景观格局变化趋势预测. 吉林大学学报（地球科学版），2010，40（2）：5-11.

[8] 邢容容，马安青，张小伟，等. 基于 Logistic-CA-Markov 模型的青岛市土地利用变化动态模拟. 水土保持研究，2014，21（6）：111-114.

晋北地区生态安全预测与土地利用格局优化

生态安全状况与土地利用变化有着密切的联系，为了进一步了解未来情景下晋北地区土地利用变化对其生态安全的影响，本章在生态安全现状评价的基础上，利用前文中建立的基于 DPSIR 的生态安全评价指标体系，以及系统动力学模拟得到的未来不同情景下社会经济指标结果，对晋北地区未来生态安全状况进行了预测。此外，在上一章中输出的未来 3 种情景下的土地利用空间分布状况基础上，通过计算协调发展情景的景观指数，分析协调发展下晋北地区总体景观格局特征，从而为研究区的景观格局规划提供科学依据。综合以上分析，对研究区景观格局可持续发展提出相应对策以及未来土地利用规划的决策建议，以期保障区域生态安全，为相关土地决策部门提供科学依据。

8.1 不同情景下晋北地区 2020 年生态安全预测

晋北地区生态安全在过去 30 年持续下降，那么其未来的发展状况如何？经过计算得到研究区分别在 3 种不同情景下 2020 年生态安全的综合得分（见表 8-1），结合现状评价结果，得到 1986—2020 年研究区总体生态安全状况及分级情况（见图 8-1），通过分析这 3 种不同情景下的生态安全状况，以期为有关部门制定保障区域生态安全的政策提供科学依据。

表 8-1 不同情景下 2020 年生态安全的综合得分

情景	综合得分
1	0.45
2	0.53
3	0.33

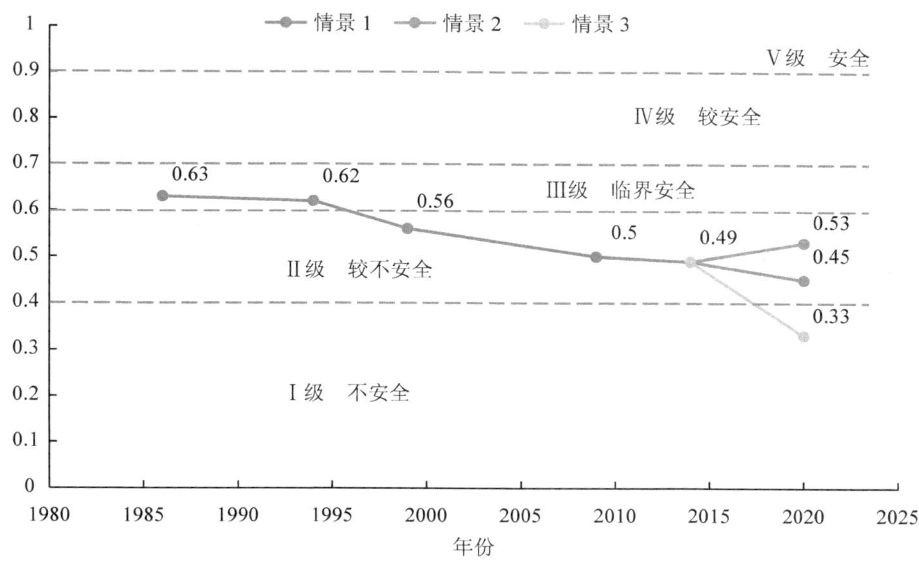

图 8-1 1986—2014 年以及 2020 年三种情景下生态安全评价结果

由表 8-1 和图 8-1 可知，情景 1 即自然发展型情景下的生态安全综合得分为 0.45，比 2014 年略微下降，仍属于第Ⅱ等级，处于较不安全状态；情景 2 即协调发展型情景下的生态安全综合得分为 0.53，仍属于第Ⅱ等级，处于较不安全状态，但比 2014 年略微上升；而情景 3 即经济发展型情景下的生态安全综合得分为 0.33，比 2014 年大幅下降，降到第Ⅰ等级，处于不安全状态。这 3 种不同情景下的生态安全综合得分与预期一致，表明情景设置有一定的科学性。

8.2 晋北地区 2020 年土地利用格局特征分析

通过上一章的模拟预测可知，3 种模拟情景下的土地利用景观格局在空间上存在差异。为了更好地验证不同情景下晋北地区的景观格局特征变化，本节比较了不同情景下晋北地区 1999—2020 年的土地利用景观面积变化（见图 8-2～图 8-4）；同时采用 Fragstats4.2 软件计算了不同情景下 2020 年晋北地区景观水平指数的变化（见表 8-2），以此分析 2020 年的总体景观特征，最终得出协调发展情景有利于区域的生态系统更加合理的发展，实现生态系统的可持续。

8.2.1 不同情景下的土地利用结构变化

从图 8-2 可以看出，2020 年晋北地区耕地、林地、草地分别占研究区总面积的 47.76%、27.13%、19.29%；而其他 5 种地类共约占 5.82%。1999—2020 年，耕地、林地、居民用地、水域面积增加，且耕地、林地面积增加最多；草地、盐碱地和裸地面积减少，且草地面积减少最多，表明耕地、林地占用了大量草地。

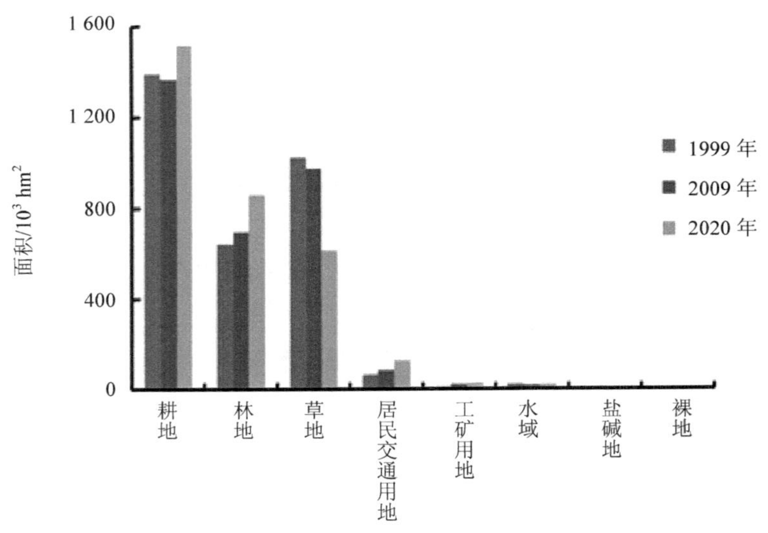

图 8-2 自然发展情景下 1999—2020 年土地利用变化图

从图 8-3 可以看出，在协调发展的情景下，1999—2009 年，耕地、林地、居民交通用地、工矿用地的面积增多，草地、盐碱地、裸地面积减少，并且在协调发展的情况下，水域面积较 2009 年有所增加，接近于 1999 年的水域总面积，表明协调发展的政策可促使区域生态系统向可持续方向更好地发展。

由图 8-4 可以看出，在侧重于经济发展的情况下，耕地、林地、居民交通用地、工矿用地、盐碱地、裸地的面积在 1999—2020 年有所增加，草地和水域面积减小，特别是居民用地、工矿用地、盐碱地、裸地较其他情景面积增加明显，而且水域较其他情景面积减小明显。说明注重经济的发展不利于区域的生态友好型发展，势必会造成破坏生态的一些行为。

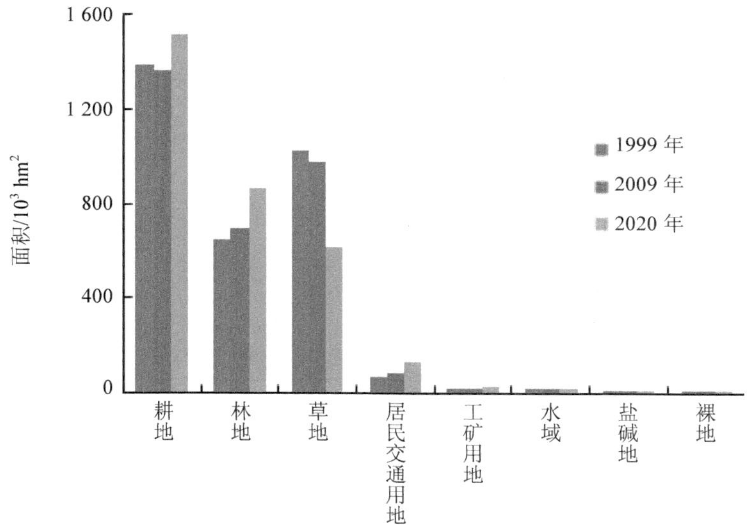

图 8-3 协调发展情景下 1999—2020 年土地利用变化图

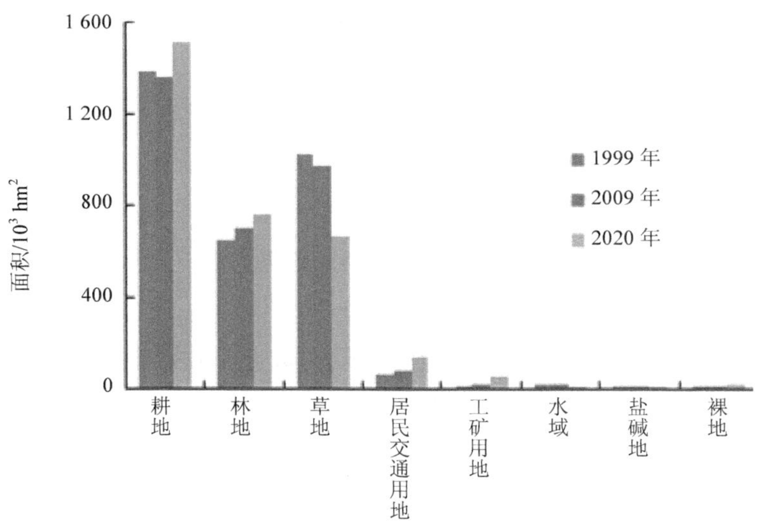

图 8-4 经济发展情景下 1999—2020 年土地利用变化图

综合三种发展情景（自然、经济、协调）的土地利用变化，可以看出，自然发展情景下，各种土地利用类型以现有的土地需求规律增加或减少；在侧重于经济发展的情景下，工矿用地、居民交通用地增加明显，同时盐碱地、裸地面积明显增加，水域面积减少严重，经济发展的同时造成了生态环境的恶化；而在协调发展的情景下，盐碱地、裸地面积减少，水域面积有所增加，说明区域的土地得到了合理的利用和改善，水资源得到了有效的保护，其他的土地利用类型也在合理地变化。综上所述，对区域进行协调发展的规划，有利于区域的生态系统更加合理的发展，实现生态系统的可持续发展。

8.2.2 不同情景下的景观总体特征分析

不同情景下晋北地区 2020 年土地利用景观格局的总体特征见表 8-2，从表中可以得出以下结论。

表 8-2 2020 年晋北地区不同情景下景观总体特征

情景	NP	PD	COHESION	SHDI	SHEI	CONTAG	AI
自然发展	6 776	0.218 2	96.013 4	1.348 8	0.648 7	44.227 9	67.127 9
协调发展	6 673	0.204 8	97.274 9	1.385 2	0.741 7	46.387 2	68.249 1
经济发展	6 823	0.221 7	96.001 5	1.253 6	0.614 9	43.651 8	67.015 2

自然发展情景下，晋北地区的总面积为 3 174.75×$10^3$$hm^2$，景观斑块数为 6 776，斑块密度为 0.218 2，与 2009 年相比，景观面积的变化说明景观类型的斑块少、面积大，且景观连片化加强、破碎度降低。研究区 2020 年的内聚力指数降低为 96.013 4，退耕还林还草工程的连片化建设使得晋北地区的斑块逐渐趋于规整、分布集中，破碎化程度降低。景观多样性指数为 1.348 8，均匀度指数为 0.648 7，说明晋北地区的景观多样性水平提高，景观异质性提高，景观类型所占比例差异较大。蔓延度指数相对于 2009 年减少，说明研究区内占有绝对优势的耕地和草地的连通性和延展性降低；景观的聚合度指数呈增加趋势，同时景观类型的优势度也在增加。

协调发展情景下，晋北地区 2020 年的板块总数为 6 673，斑块密度为 0.204 8，区域的斑块总数和斑块密度均下降，表明晋北地区的景观逐步向整体化方向发展，景观的破碎化程度不断降低；协调发展的政策合理规划景观类型分布，加快经济发展的同时加强生态环境建设，区域景观的内聚力指数为 97.274 9，景观的分布相较于其他发展情景更加集中和规整；多样性指数和均匀性指数比 2009 年增加明显，合理的土地利用类型分布使区域景观均匀发展，晋北地区生态系统的异质性增加，多样性增强；景观廊道适宜增加，使得景观的蔓延度指数和聚合度指数均高于其他发展情景，区域景观的破碎化程度降低。

经济发展情景下，研究区 2020 年的景观斑块数为 6 823，斑块密度为 0.221 7，相较于其他发展情景，区域的破碎化程度较高，同时由于经济发展，区域内的工矿用地、居民用地增多，肆意占用其他用地类型，使得内聚力指数、蔓延度指数以及聚合度指数都

较其他情景低，景观的斑块块分布分散，连通性及延展性较弱，破碎化程度较高，较难实现区域生态系统的可持续发展。

综合三种发展情景下的景观格局特征，在协调发展的情景下，晋北地区生态系统的景观逐步趋向于归整化，多样性和均匀度增高，异质性增强，景观的破碎化程度增强，生态系统向更优质的方向发展。因此，制定合理的政策保证经济和生态的协调发展，才能实现生态系统的可持续发展，进而促进经济的进一步发展。

8.3 土地利用优化可持续发展对策

景观生态学的研究与区域可持续发展变化有密不可分的关系（王仰麟，1993）。分析晋北地区土地利用格局的变化目的在于制定长远而可行的生态建设目标。因长期受自然环境和人类干扰的综合影响，晋北地区生态环境恶劣，土地沙化严重，景观破碎化程度高、景观异质性低、生物多样性比较单一等。对此，为改善晋北地区土地利用格局现状，转变为更加安全的土地利用格局，实现生态系统功能优势发展，本研究提出以下对策。

8.3.1 合理规划土地利用类型，提高土地利用率

土地利用完全取决于人类的决策，需求不同，土地利用景观格局的利用和规划方式不同，同时原有的生态系统会受到不同程度的干扰。不同的土地利用类型作用于生态系统产生的结果不同，因此生态系统可持续发展必须依赖于适当的土地利用配置。本章对不同发展情景下的预测结果表明，当注重经济发展不考虑生态经济发展的情景下，景观的斑块分布分散，连通性及延展性较弱，破碎化程度较高，区域生态安全水平不断下降，较难实现区域生态系统的可持续发展；当社会、经济、环境协调发展的情景下，晋北地区生态系统的景观逐步趋向于规整化，多样性和均匀度增高，异质性增强，景观的破碎化程度增强，区域生态安全水平不断提升，生态系统向更良性健康的方向发展。因此，土地利用格局优化应控制晋北地区斑块随意扩张，合理规划居民用地和工矿用地，提高土地利用率，创建人与自然和谐的环境，建议以下几点：①建设用地的开发发展要根据实际需求，控制建设用地规模，合理安排各类建设用地需求。提高内部土地集约利用度，调整内部结构，合理安排商、住、工等用地比例；遏制小城镇规模的盲目外延扩展而占用大量耕地，实现土地资源的优化配置；充分挖掘建设用地内部潜力，优化建设用地结构，开发盘活存量土地，避免重复建设，逐步提高城镇化水平；②基本耕地面积要得到

保障，划定基本农田的界限，坚决不能越界搞建设等其他活动，科学合理规划农田和农村居民用地，优化配置闲置地类，发展立体农业、生态农业，实现土地集约利用；③增加生态用地面积，尤其是生态林的面积，继续提高林地覆盖率，从而为晋北地区生态安全和生态重建提供条件；④严格管理工矿用地，及时拆除和转移废弃厂房、机械、材料等，合理有效地治理恢复其功能，提高土地的利用率；⑤管理部门加强管理与监督，严格整改非标措施。

8.3.2 适度开发使用土地，逐步提升土地质量

晋北地区生态地理环境特殊，属于黄土高原区域，受其特殊的自然、地理条件影响，土地沙化现象非常严重。对土地的开发应适时适量适度，不论是哪种土地利用方式，都会对原有土地造成干扰，若是超过了既定的限度，就会导致土壤原有的功能下降甚至丧失，成为不可利用的废弃地。对土地资源的开发利用应该遵循自然客观规律，按照土地资源自身的适宜性和承载能力，选择科学、合理的土地开发利用方式和开发强度，在保护中开发，在开发中保护，可通过以下方式对土地进行恰当的管理：①以占耕地面积比例较大的中低产田为改造中心，加大科技投入改造中低产田，投入增产效益明显，相较于投资开垦荒地，能够产生更高的效益。特别是对坡耕地的改造，既能取得较高的经济效益，同时又能防止水土流失，形成良好的耕地外部环境，促进土地利用的良性循环。②由于晋北地区的耕地大多位于山区，地势险要，易水土流失。每年由于暴雨的冲刷，都会携带走大量的土壤养分，土壤变得越来越贫瘠，此外化肥、农药的大量施用则易使土地出现板结，因此在土地开发利用中合理施用化肥和农药，尽量采用生物技术进行防治，避免出现土壤沙化、盐碱化、荒漠化，避免土壤板结和污染元素含量过高导致土壤功能丧失和土地退化等问题。③对土地进行合理的改造和使用，采取改良土壤等综合措施，加强农田水利等基础设施建设，提高抗御自然灾害的能力，增强土地的生态功能，对于已经退化的土地，采用专业技术对土地进行修复治理，最大程度恢复土地原有的功能，提高土地利用率。④遵照因地制宜，适地适树的原则，对已经存在的沙化地区，培育种植适合该特殊生存环境的植物，一方面可巩固土壤，防止沙化问题的进一步加重，另一方面可以增加生态系统的植被覆盖度；对于未沙化的地区，采取相应的防护措施，如加快植树造林工程建设，退耕还林还草等。⑤要逐渐转变经济重心，由第一、第二产业逐渐向第三产业转变，特别是可以根据晋北地区独特的自然地理条件以及文化传统，适当地发展旅游业等服务行业，减小对土地的干扰破坏。

8.3.3 加强生态恢复，注重休养生息

晋北地区是我国北方干旱半干旱区域典型的生态脆弱区和生态敏感区，同时该区矿产资源丰富，近几十年来一直以煤炭采掘出口作为区域经济发展主要驱动力，采矿过程占用、污染和破坏大量的土地，对区域的生态环境造成了很大的创伤，产生了很多不可恢复的影响。土地是生态环境的基础，是生态环境安全的重要保证，在土地利用中形成一个合理的结构、布局和强度，增强土地生态功能，对于保持整个地区生态环境的良性循环至关重要。因此未来区域土地开发利用应加强生态恢复，注重休养生息。①划分生态控制区，在生态控制区内禁止新建任何与治理无关的非农建设用地项目，优先考虑生态效益，逐步减少各项经济活动；②积极进行自然保护区的建设，按照全面规划、积极保护、科学管理和永续利用的方针扩大自然保护区的规模；③加强高产、稳产基本农田的建设，在生态控制区内推行生态农业，控制农业产业结构的调整方向，逐步减少甚至停止化肥和农药的施用，实现农业结构合理化、技术生态化、过程清洁化和产品无害化；④加快农林业向生态产业转化建设步伐，加强土地沙化治理，加强生态林建设以及其他生态工程建设，减缓和控制土地沙化和水土流失的强度和规模，改善生态环境；⑤做好晋北矿山开发中生态环境的保护和矿区生境的恢复；采矿过程中，采用环境友好型的开采技术和方法，达到对生态环境最小的影响；采矿中排出的废水和材料，要进行统一的收集和处理，达标后才可排放到大自然中；采矿完成后要及时拆除采矿地的厂房、材料和设备，对遭到破坏的地方进行生态恢复治理，使其恢复原有的生态功能。

8.3.4 增加景观异质性和多样性，建立生态廊道，提高景观连通性

景观异质性和多样性对于生态系统来说具有普遍且重要的意义，不同景观类型组合方式不同，形成相互之间密不可分的不同的生物关系，从而促进生态系统中物质和能量的不断循环和流动，发展成为更优质的生态系统。异质性使得景观内的生物互利共生，充分利用景观内的各种资源，形成各种各样不同的景观。

晋北地区树种稀少、植被覆盖面积小，因此改善景观格局分布必须要提高晋北地区的植被覆盖率。可通过以下方法进一步增加晋北沙化地区的景观异质性：①加强保护现有天然次生林，扩大天然林发展空间，营造“人-天混交林”，并逐步扩大连片范围，实现稀树草地转变为森林；②严格执行“三禁”措施（薛占金等，2008），并根据实际情况保护沙化土地植被；③开展湿地生态保护工程，恢复治理沙化地、盐碱地、裸地，在沙化地、盐碱地、裸地等特殊的地区，栽种能够适宜该环境的特殊物种，增加植被覆盖

度；④林地、草地、耕地等区域实行多种植物作物交叉种植，在提高经济收益的同时实现景观生态系统的可持续发展；⑤基于现有人工纯林成果，在林内引入原生乡土树种，增加种质资源，建立多物种混交大型斑块和小型斑块，小型人工树或天然树斑块将成为物种跳板板块和战略点（战略小斑块），实行封育和局部地带性禁牧。

模拟计算的晋北沙化地区 2020 年的景观连通性和之前的年份相比，有一定程度地降低，可通过如下的方法，提高该地区的景观连通性：①利用农牧林业土地规划，修建合适的生物廊道，连接被阻断的生境斑块，以保证区域内物种能够在不同生境的斑块、地区之间的交流；②在居民区、农田周围及道路两侧建设连通性较好的防护林带，增加景观廊道的数量，修建道路时不能切断景观中生物的正常交流，破坏生物的生存环境，要在一些敏感点和关键点建立桥梁、隧道、自然保护区等作为生物多样性通道连接各类斑块，增加廊道以连通生境；③建设城市的绿色生命廊道，使其成为生活空间和自然过程的连续体，发挥最大的生态功能，同时有效降低风速，阻碍风沙、污染物等。

8.4 本章小结

本章对未来发展的 3 种情景：自然发展情景、协调发展情景、经济发展情景下晋北地区 2020 年的生态安全状况进行了预测，分析了土地利用景观格局，得到未来不同发展情景下的研究区土地利用格局变化的特征及空间分布，在此基础上，通过计算 2020 年景观指数分析晋北地区总体景观格局特征，并提出可持续发展对策与土地利用规划建议。得到以下结论。

（1）不同情景下 2020 年的生态安全状况结果表明：自然发展型情景下的生态安全综合得分为 0.45，比 2014 年略微下降，仍属于第Ⅱ等级，处于较不安全状态；协调发展型情景下的生态安全综合得分为 0.53，仍属于第Ⅱ等级，处于较不安全状态，但比 2014 年略微上升；经济发展型情景下的生态安全综合得分为 0.33，比 2014 年大幅下降，降到第Ⅰ等级，处于不安全状态。这 3 种不同情景下的生态安全综合得分与预期一致，表明情景设置有一定的科学性。本研究的模拟结果为有关部门制定地区土地利用规划提供科学依据。

（2）不同情景下 2020 年的土地利用格局优化结果表明：在协调发展的情景下，盐碱地、裸地面积减少，水域面积有所增加，说明区域的土地得到了合理的利用和改善，水资源得到了有效的保护，其他的土地利用类型也在合理地变化。通过 CA-Markov 模型给出了土地利用格局的优化布局，有利于区域的生态系统更加合理地发展，实现生态系统的可持续发展。通过计算在优化布局下的2020年景观指数并进行分析可知，与2009年相比，景观类型的斑块减少、面积增大，连片化程度增强、景观破碎程度降低；景观物种多元化，景观异质程度提高。聚合度增加，与研究期间大量退耕还林还草的生态建设等人类活动密切相关。

（3）针对晋北地区这样复杂的系统，制定了土地利用可持续发展的战略：合理规划土地利用类型，提高土地利用率；适度开发使用土地，逐步提升土地质量；加强生态恢复，注重休养生息；增加景观异质性和多样性，促进生态系统可持续发展；建立生态廊道，提高景观连通性。

本章参考文献

[1]　薛占金，秦作栋，王孟本，等. 晋北地区土地沙化现状及其成因分析. 山西大学学报（自然科学版），2008，31（2）：168-172.

[2]　王仰麟. 区域农业持续发展的思想评价. 国土开发与整治，1993（3）：56-59.

9 结论与展望

9.1 结论

本研究以晋北地区为例，首先对该区1986年、1994年、1999年、2009年、2014年的土地利用/覆被格局进行了分析；利用多种景观指数对该区景观格局的时空动态进行了分析；以生态系统产水服务、土壤保持服务和NPP服务为例对研究区的生态系统服务功能进行了定量评估；针对晋北地区的生态安全问题，采用经济合作与发展组织（OECD）提出的DPSIR模型构建了该区域的生态安全评价指标体系，进而通过主成分分析法完成了生态安全综合评价；运用系统动力学基本原理构建了晋北地区系统动力学模型，预测了在不同情景下的土地利用结构；通过结合Logistic-CA-Markov模型对晋北地区的土地利用空间格局进行了情景模拟。在此基础上，对未来不同情景下晋北地区的生态安全状况进行了预测，并分析了不同情景下的景观格局变化，据此提出了区域景观格局可持续发展的对策和土地利用规划的相关建议，以期为该区的土地利用规划提供科学依据，最终实现社会、经济和生态的可持续发展。本研究得到以下结论。

（1）从土地利用/覆被的空间分布角度而言，近30年来，研究区的耕地分布最广泛，并呈现东北—西南带状分布。林地成片分布在研究区的东南部，西部整体较少。草地在整个研究区与林地、耕地夹杂分布，分布较为分散。居民交通用地集中分布在大同和朔州市区，零散分布在各县的城、镇区。工矿用地集中分布在大同市南郊区西侧和朔州市平鲁区南侧。水域主要分布在大同市南郊区东侧。盐碱地和裸地分布较少，且比较分散。

（2）从不同土地利用/覆被类型的面积角度而言，研究区在几个年份中的土地利用类型主要以耕地、林地和草地为主，以几个年份的平均值而言，耕地占总面积的43%左右，林地占21%左右，草地占32%左右，而其他5种土地利用类型共占4%左右。1986—2014年，耕地面积早期稳定后期减少，林地面积先减后增，草地面积则先增后减，居民交通用地、工矿用地和裸地面积持续增加，水域面积则持续减少，盐碱地面积呈波动增加趋势。综合而言，1986—2014 年，各土地利用类型的面积都发生了变化，其中，林地的面积变化最大，草地和耕地的面积变化次之，其他地类面积变化相对较少。

（3）从土地利用转移角度而言，研究区主要的土地利用转移类型为耕地、林地和草地之间的相互转化。1986—2014 年，耕地、林地和草地之间的相互转化面积占总转移面积的 90.82%。

（4）1986—2014 年研究区主要的 LUCC 驱动力来自人为和自然的双重因素。其中，人口和经济的发展造成了耕地、草地向居民交通用地、工矿用地转化；而林地、草地等土地覆被类型之间的转化主要受到坡度、高程和降水等自然因素的驱动。

（5）晋北地区及各分区的土地利用景观结构以耕地、林地、草地为核心，1999—2009 年耕地类型占主导优势，并且耕地面积呈减少趋势。恒山、五台山土石山区草地面积最大，占该分区总面积的 42%。土地利用景观类型分布在不同区域存在差异，表明不同区域、不同的社会经济条件和自然条件导致景观格局的分布不同，本研究结果可为土地利用景观格局分区及土地利用总体规划中的土地利用分区提供参考。

（6）类型水平的景观格局特征及时空变化分析可知，耕地是晋北地区占绝对优势的景观类型，且耕地最大斑块指数降低最多，景观优势度下降，异质性增强；除工矿用地和盐碱地外，其他景观类型的斑块密度和斑块个数均减小，表明斑块分布趋于规整，斑块连片化程度提高，破碎化程度降低；1999 年林地斑块形状指数最大，其景观类型更为复杂，在研究期间内，耕地、林地、草地三种景观类型的斑块指数都在降低，而工矿用地和盐碱地呈增加趋势，说明人类活动加强，使得景观复杂程度增加，斑块形状趋于复杂。

（7）景观水平的景观格局特征及时空变化分析可知，晋北地区的景观斑块总数减少，斑块密度下降，内聚力指数增大，表明斑块分布集中，团聚程度增加，破碎化程度降低，斑块间的连通性增大；景观多样性指数和均匀度指数有所增加，说明景观要素趋于多样化发展，景观异质性提高，并且研究区内某种斑块类型处于有利地位，景观类型面积虽分散却稳定；景观整体聚集度和蔓延度增加，斑块间的空间关系趋于聚合，斑块之间的连通性和团聚程度增加，景观破碎化程度有所降低。

（8）研究区的产水服务是以流域为单元进行定量计算的，总体分布呈现出西部高、东部偏低的趋势，其中保德县、五寨县和神池县的朱家川流域产水量较高且逐年增加。整体来看，1999—2009 年平均产水增加量 47.05 mm，而 2009—2014 年平均产水增加量高达 73.06 mm，后五年的平均产水增加量比前十年的还要大，研究区的产水量增长速度发展较快，产水服务逐渐增强。从对晋北地区 2009—2014 年产水服务时空动态变化的研究结果来看，除了研究区东南部的繁峙县和代县的滹沱河流域在研究时间内有短期的降低之外，其他区域的产水服务逐渐增强，其中研究区的西南部和北部的产水服务增加较快。

（9）从研究区的时空动态变化总体来看，1999—2014 年，研究区的产水量是增加的，其变化范围是 80～213.89 mm，其中在研究区西部的偏关县的偏关河、河曲县的县河、五寨县和神池县的朱家川河流域增加幅度较大，其次是北部和东南部的部分流域也存在较大幅度地增长。

（10）对于产水量增加缓慢的地区如研究区北部的天镇县和阳高县的南洋河以及中部的朔州市等各流域，我们应该有针对性地结合研究区实际和研究方法，改变措施和对策，尽可能地增加当地的产水量，提高产水服务，减少当地干旱状况的发生，避免沙化的加剧。

（11）从土壤保持量的时空分布来看，研究区 1999 年、2009 年和 2014 年的年均土壤保持量分别是 109.13 t/（hm^2·a）、134.78 t/（hm^2·a）和 114.82 t/（hm^2·a），从空间分布来看，1999 年、2009 年和 2014 年，研究区土壤保持量总体分布是一致的，且有明显的聚集性；研究区西部和东南部的土壤保持量较高，其他地区相对较低。

（12）从土壤保持量的变化来看，1999—2009 年土壤保持量呈增加趋势，平均值为 20 t/（hm^2·a），2009—2014 年土壤保持量呈降低趋势，平均值为−25 t/（hm^2·a），研究区 80%的区域土壤保持量变化范围集中在−20～20 t/（hm^2·a）。

（13）研究区单位面积土壤保持量与植被覆盖度呈显著正相关，NDVI 指数在 0.15～0.45 的土壤保持量均占总土壤保持量的 80%以上，且变化最为明显。0.15～0.3 这一等级的土壤保持量逐渐减少，NDVI 指数 0.3～0.45 的土壤保持量逐渐增加。

（14）研究区单位面积土壤保持量与海拔高度显著正相关。1 000～1 500 m 高程范围区域的土壤保持总量占 1999 年、2009 年和 2014 年总土壤保持量 50.60%、49.10%和 52.26%，在研究期内其对土壤保持量的贡献最大；1 500～2 000 m 高程等级的区域对土壤保持量的贡献仅次于 1 000～1 500 m 高程等级的贡献，这两个等级的土壤保持量的总贡献在研究时期内均占总土壤保持量的 90%左右。

（15）通过对晋北地区 NPP 服务的空间分析可知，研究区的 NPP 在西部和北部较小，而南部的一些区域的 NPP 相对较大。从整个研究时期来看，总体的 NPP 逐年增加。1999—2009 年的 10 年间，研究区西部增加东部减少，而 2009—2014 年的 5 年间，研究区大部分区域的 NPP 有所增加，但研究区西北和东南部有所减少。

（16）采用经济合作与发展组织（OECD）提出的 DPSIR 模型，在参考相关文献的基础上，根据指标选取的科学性、完整性、可行性等原则，结合研究区实际情况，并考虑数据获取的难易程度，构建了晋北地区生态安全评价指标体系，共包括 20 个指标。

（17）晋北地区生态安全综合评价的结果表明：1986—2014 年晋北地区的生态安全状态整体水平不高，且呈现下降趋势，研究区在 1986 年和 1994 年时生态安全属于第III等级，即临界安全状态；1999 年下降到第II等级，处于较不安全状态，虽然 1999—2014 年均属于第II等级，但分值一直在减小，表明晋北地区的生态安全状况持续恶化。

（18）运用系统动力学原理，通过回归分析、趋势预测等方法构建了晋北地区土地利用系统动力学模型。经过对比模型的模拟结果与实际结果，得出相对误差均在合理范围内，故运用此模型预测 2020 年的晋北地区土地利用结构数据是比较可靠的。

（19）不同情景下 2020 年的土地利用结构模拟结果表明：在情景 1，即自然发展型情景下，2014—2020 年，耕地、林地、居民交通用地、工矿用地、盐碱地和裸地面积增加，且耕地与居民交通用地面积增加最多；草地、水域面积减少，且草地面积减少最多，表明耕地、林地和居民交通用地占用了大量的草地。在情景 2，即协调发展型情景下，2014—2020 年，耕地、林地、居民交通用地、工矿用地、水域面积增加，且耕地、林地面积增加最多；草地、盐碱地和裸地面积减少，且草地面积减少最多，表明耕地、林地占用了大量草地。在情景 3，即经济发展型情景下，耕地、林地、居民交通用地、工矿用地、盐碱地和裸地面积增加，且耕地、居民交通用地面积增加最多；草地、水域面积减少，且草地面积减少最多，表明耕地、居民交通用地占用了大量的草地。

（20）在对研究区的实际情况综合分析的前提下，选取了 16 个评价因子，包括 8 个影响因子（坡度、高程、降水、温度、≥10℃积温、线状水系距离、道路距离、土壤有机质）和 8 个距离因子（耕地距离、林地距离、草地距离、居民用地距离、工矿用地距离、水域距离、盐碱地距离、裸地距离）。

（21）对研究区的土地利用类型与其相关因子进行 Logistic 回归分析，建立 Logistic 回归方程，并进行 ROC 检验，从而得到研究区的土地利用适宜性图集。经 ROC 验证，各土地利用类型的 ROC 都在 0.9～1，表明拟合效果有较高准确性，评价因子可以有效地说明各土地利用类型的空间分布。

（22）借助 IDRISI 软件得出总体 Kappa 系数为 0.924 4，表明模拟精确度符合要求，可以用来预测土地利用的空间格局。

（23）对 2020 年的土地利用变化在不同情景下的模拟结果表明：情景 1 反映了土地利用变化自然发展的情形，在没有外部强制力的约束下，面积变化符合研究区目前土地利用发展的趋势；情景 2 反映了经济、社会和生态协调发展的情形，代表以上各方面协调发展的情景，面积变化符合区域可持续发展的目标；情景 3 反映了研究区侧重经济发展情形下的土地利用变化，在重视经济发展的压力下，不合理的土地利用变化加剧。总而言之，此模拟结果可为有关部门制定地区土地利用规划提供科学参考。

（24）不同情景下 2020 年的生态安全状况结果表明：自然发展型情景下的生态安全综合得分为 0.45，比 2014 年略微下降，仍属于第Ⅱ等级，处于较不安全状态；协调发展型情景下的生态安全综合得分为 0.53，仍属于第Ⅱ等级，处于较不安全状态，但比 2014 年略微上升；经济发展型情景下的生态安全综合得分为 0.33，比 2014 年大幅下降，降到第Ⅰ等级，处于不安全状态。这 3 种不同情景下的生态安全综合得分与预期一致，表明情景设置有一定的科学性。本研究的模拟结果为有关部门制定地区土地利用规划提供科学依据。

（25）不同情景下 2020 年的土地利用格局优化结果表明：在协调发展的情景下，盐碱地、裸地面积减少，水域面积有所增加，说明区域的土地得到了合理的利用和改善，水资源得到了有效的保护，其他的土地利用类型也在合理地变化。通过 CA-Markov 模型给出了土地利用格局的优化布局，有利于区域的生态系统更加合理地发展，实现生态系统的可持续发展。通过计算在优化布局下的 2020 年景观指数并进行分析可知，与 2009 年相比，景观类型的斑块减少、面积增大，连片化程度增强、景观破碎程度降低；景观物种多元化，景观异质程度提高。聚合度增加，与研究期间大量退耕还林还草的生态建设等人类活动密切相关。

（26）针对晋北地区这样复杂的系统，制定了土地利用可持续发展的战略：合理规划土地利用类型，提高土地利用率；适度开发使用土地，逐步提升土地质量；加强生态恢复，注重休养生息；增加景观异质性和多样性，促进生态系统可持续发展；建立生态廊道，提高景观连通性。

9.2 创新与展望

以往的土地利用模拟研究往往使用统计方法来预测未来的土地利用结构，这种方法不能很好地表示土地利用系统各种驱动因素的作用。相反，系统动力学模型通过把社会经济因素和土地利用系统驱动因素的相互关系定量化，可以更精确和合理地预测未来的土地利用结构。

另外，在运行系统动力学模型模拟之前，本研究假定了工矿用地、水域、盐碱地和裸地的面积。但研究区的土地利用类型大部分为耕地、林地和草地，约占研究区的96%，因此，这四种假定的相对面积很小的土地利用类型对整体的土地利用空间格局影响很小。总体而言，考虑到社会经济因素对土地利用变化的重大影响，政府应作出科学的发展规划，防止不合理的土地利用变化危及区域的可持续发展。

9.2.1 创新

（1）本研究结合了基于 PSR 模型改进的新模型——DPSIR 概念模型以及客观赋权方法——主成分分析法，构建了生态安全评价指标体系，评价了晋北地区近 30 年来的生态安全状况；

（2）本研究将“自上而下”的 SD 模型与“自下而上”的 CA-Markov 模型结合起来，充分发挥二者优势，模拟了晋北地区土地利用的数量变化与空间分布，具有一定新意；

（3）目前对晋北地区生态服务评估的研究较少，本书针对该地区开展生态系统服务研究，有区域创新性。

9.2.2 展望

（1）本研究的生态安全评价选取了 20 个指标，在 DPSIR 理论框架下进行生态安全评价，尽管这些指标具有完整的因果逻辑关系，但由于历史数据的可获性问题，在评价指标体系的全面性方面仍有提升空间，在未来的研究中，运用数据同化方法进行历史统计数据的重建，可以有效提高研究结果精度。

（2）本研究设置的 3 种不同的情景具有一定的代表性，且采用 CA-Markov 模型进行情景模拟可知模拟精确度较高，但是社会经济的发展是非线性且复杂多变的，未来的变化，特别是长时期的社会经济发展很有可能超出本研究的预期，因此情景中具体参数的实际应用性还有待进一步评估。在未来的研究中，可结合 IPCC 的典型浓度路径（Representative Concentration Pathways，RCP）和共享社会经济途径（Shared Socioeconomic Pathways，SSP）情景来进行未来发展情景的预测。